电工进网作业案例分析教材

国家能源局华东监管局
上海市进网作业电工培训中心 编

浙江人民出版社
ZHEJIANG PEOPLE'S PUBLISHING HOUSE

国家能源局主管
中国电力传媒集团
CHINA ELECTRIC POWER MEDIA GROUP

图书在版编目（CIP）数据

电工进网作业案例分析教材／国家能源局华东监管局，上海市进网作业电工培训中心编．—杭州：浙江人民出版社，2014.10（2015.10 重印）

ISBN 978-7-213-06184-4

Ⅰ. ①电…　Ⅱ. ①国…②上…　Ⅲ. ①电工技术—案例—教材　Ⅳ. ①TM

中国版本图书馆 CIP 数据核字（2014）第 168602 号

电工进网作业案例分析教材

作　　者：国家能源局华东监管局　上海市进网作业电工培训中心

出版发行：浙江人民出版社　中国电力传媒集团

经　　销：中电联合（北京）图书销售有限公司
　　　　　销售部电话：（010）52238170　52238190

印　　刷：三河市百盛印装有限公司

责任编辑：杜启孟　宗　合

责任印制：郭福宾

网　　址：http://www.cpnn.com.cn/tsyxzx/

版　　次：2014 年 10 月第 1 版・2015 年 10 月第 3 次印刷

规　　格：787mm×1092mm　16 开本・18.5 印张・350 千字

书　　号：ISBN 978-7-213-06184-4

定　　价：36.00 元

前　言

　　安全，是电力生产过程中永恒的话题。上海市进网作业电工培训中心在国家能源局华东监管局的指导下，坚持把进网作业电工的安全培训工作放在首位。在强调"安全第一"的背景下，上海市进网作业电工培训中心组织力量撰写了《电工进网作业案例分析教材》，让广大电工对电网生产故障及安全事故案例进行深入学习，提高安全意识和技术能力，在一定程度上杜绝电网生产故障及安全事故的发生。

　　本教材与国家能源局电力业务资质管理中心编写的《电工进网作业许可考试参考教材　高压类理论部分（2012年版）》各章节相匹配，全书分为8集：第一集电工基础、第二集电力系统基本知识、第三集电力变压器、第四集高压电器及成套配电装置、第五集高压电力线路、第六集电力系统过电压、第七集继电保护自动装置与二次回路、第八集电气安全技术。

　　本教材共撰写100个案例，这些案例的分析大都可采用《电工进网作业许可考试参考教材　高压类理论部分（2012年版）》中的理论知识进行分析和思考。

　　本教材突破了以往传统的案例教材编写模式。各案例由理论、事故经过、原因分析、吸取的教训、整改措施、思考题和提示六个部分组成，有很强的实用性。

　　本教材案例选题广泛、真实、重点突出，形成了完整的电工进网作业知识体系。本教材也可用于电力企业中高级等级工培训及其他技术人员参考学习。

　　本教材在编写过程中，得到了上海、江苏、安徽等省、直辖市电力公司相关技术人员的大力支持，在此深表感谢。编写过程中参考了有关书籍和资料，在此谨向作者及编者表示衷心的感谢。

　　由于编写时间仓促，本教材难免存在疏漏之处，恳请各位专家和读者提出宝贵意见，使之不断完善。

国家能源局华东监管局
上海市进网作业电工培训中心
2014年6月

目　录

第一集

电工基础

案例一　220kV XLPE 电缆预制式终端安装缺陷引发故障

一、理论

电场是带电体周围空间存在的一种特殊形态的物质，当两个带电物体互相靠近时，它们之间就有作用力。凡有电荷存在，其周围必然有电场存在。

当电场中引入其他带电体时，引入的带电体将受到电场的作用力。电场具有能量，能量的强弱用电场强度（简称场强）来表示。电场场强大小与电场线疏密程度有关，电场线密处电场强，电场线疏处电场弱。电缆接头，是在金属护套边缘到增绕绝缘（预制件）外表面之间形成一个过渡锥面，这个锥面就是常说的应力锥。在电缆剥去金属护套后，这部分的电场分布与电缆本体相比发生了很大的变化。

金属护套边缘处的电场强度 E 可用与剥切长度 L 有关的双曲余切函数表示：

$$E = U_0 \sqrt{\frac{\varepsilon}{R_e \varepsilon_m k}} \operatorname{cth}\left(\sqrt{\frac{\varepsilon}{R_e \varepsilon_m K} \times L}\right)$$

当 L 达到一定数值时，上述双曲余切函数 $\operatorname{cth}\left(\sqrt{\frac{\varepsilon}{R_e \varepsilon_m K} \times L}\right) \approx 1$，可简化为：

$$E = U_0 \sqrt{\frac{\varepsilon}{R_e \varepsilon_m k}}$$

由上式可知，为了减小金属护套边缘处的电场强度，可采用增绕绝缘来增大等效半径的方法。另外，也可以增大周围媒质的相对介电常数，即采用高介电常数制成预制件的原理。有了应力锥之后，锥面绝缘厚度逐渐增加，绝缘表面的电场强度逐渐减弱。

二、事故经过

××变电站安装 $YJLW_{03}$ —220kV $1 \times 1000mm^2$ 型电缆，电缆终端型号为某制造厂商生产的瓷套预制式敞开终端。

某日，启动空载充电试验。在空载充电过程中，电缆线路发生绝缘击穿故障，故障点位置在送电端的××变电站户外终端，电缆终端瓷套管被炸飞，瓷套管内的环氧套管也已解裂，套管的残片损伤到附近的电缆终端、电流互感器、避雷器等电气设备，波及距离超过 20m（如图 1-1 所示）。

三、原因分析

（1）应力锥与应力锥弹簧装置不匹配。

现场测量应力锥尾部最小外径为 103.6mm，提供的弹簧装置上半部的托盘内径为 100mm。现场打开未故障相终端，发现应力锥尾部受挤压，尾部两边高差约 15mm，如图 1-2 所示。

造成应力锥与应力锥弹簧装置不匹配的原因是制造厂商在供货时出现差错。电缆截面积为 $1000mm^2$，供货的应力锥与应力锥弹簧装置的截面积为 $800mm^2$，安装时工人发现截面不对并向该制造厂商反映情况后，该制造厂商仅更换了应力锥，而没有更换相匹配的应力锥弹簧装置。

图 1-1　故障现场——终端头
爆炸散物满地

（电缆截面是 $1000mm^2$，应力锥 $1000mm^2$，
应力锥弹簧装置是 $800mm^2$）

图 1-2　故障现场——应力锥与
应力锥弹簧装置不匹配

（2）力锥与应力锥弹簧界面压力不足，导致电场应力分配失效。

如图 1-3 所示，由于存在上述应力锥与应力锥弹簧装置不匹配的现象，应力锥弹簧装置锥面 c 未能向应力锥提供足够的推力 F，应力锥与电缆绝缘之间界面压力 P 不足，界面处存在空隙 V。在运行电压下，界面空隙 V 处有局部放电现象产生。更重要的是，由于应力锥与电缆的外半导体没有良好的接触，达不到应力控制的目的，最终导致电缆绝缘及应力锥击穿故障。

（3）绝缘剂外流溢出。

在现场拆开检查发现，绝缘剂是沿着应力锥的外表与承载它的弹簧装置上半部的托盘流到终端尾管内再沿电缆表面流出（如图 1-4 所示，区域 3）。

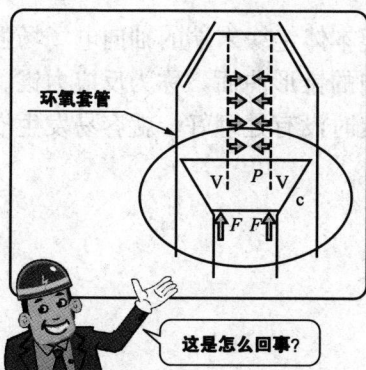

（界面处存在空隙 V。在运行电压下，界面空隙 V 处有局部放电现象产生）

图 1-3　故障现场——应力锥与电缆绝缘之间界面压力 P 不足

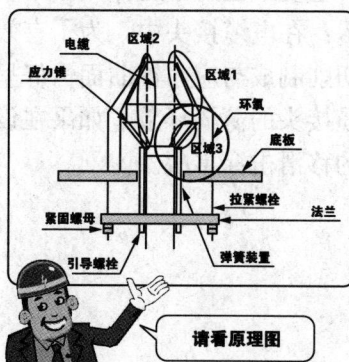

［绝缘剂沿弹簧装置上半部托盘（区域 3）流到终端尾管内再沿电缆表面流出］

图 1-4　故障现场——绝缘剂外流溢出

四、吸取的教训

（1）要求制造厂商在交货前必须进行环氧套管、应力锥及应力锥弹簧装置尺寸匹配试验，并于供货时提交试验报告。

（2）加强对现场施工技术人员的技术培训，现场施工人员在安装本类产品时必须将应力锥与应力锥弹簧装置进行预装配，以检查其是否吻合。

五、整改措施

（1）要求制造厂商提供工艺或图纸、各关键部件的详细规格尺寸及装置方式。

（2）更换尺寸相匹配的应力锥及应力锥弹簧装置。

六、思考题和提示

（1）降低电缆金属护套边缘处的电场强度的原理是什么？

提示：为了减小金属护套边缘处的电场强度，可采用增绕绝缘来增大等效半径 R 的方法，另外，也可以增大周围媒质的相对介电常数 ε_m。

（2）降低电缆金属护套边缘处的电场强度有哪几种方法？

提示：有几何形状、非线性电阻、折射法。

（3）接头的内绝缘设计包括哪四个主要部分？

提示：确定增绕绝缘的厚度，确定内绝缘的距离，确定应力锥的形状和长度，确定反应力锥的形状和长度。

（4）电缆终端和电缆接头处的电场强度如何降低？

提示：采用应力锥过渡，逐渐增加应力锥面的绝缘厚度，使绝缘表面的电场强度逐渐减弱，疏散电力线密度，提高过渡界面的游离电压。

（5）电缆反应力锥起什么作用？

提示：在电缆接头中，为了有效控制电缆本体绝缘末端的轴向电场场强，将绝缘末端切削制成与应力锥曲面恰好呈相反方向的锥形曲面，称为反应力锥。反应力锥是电缆接头的薄弱环节，如果在设计或安装时没有处理好，就容易发生沿反应力锥锥面的移滑击穿事故。

案例二 电缆截面不够引起发热导致电缆损坏

一、理论

导体允许通过的电流强度随导体的截面不同而不同；通过导线的电流如果超过允许电流值，导线的发热就会超过允许温度，进而使导线绝缘老化加速甚至发生事故。

电缆载流量是指电缆在输送电能时允许传送的最大电流值。电缆导体中流过电流时会发热，因此运行中的电缆是个发热体。如果在某一状态下发热量等于散热量时，电缆导体就有一个稳定温度，刚好使导线的稳定温度达到最高允许温度时的载流量，称为允许载流量或安全载流量。

当电缆导体温度等于电缆最高长期允许工作温度，而电缆中的发热与散热达到平衡时的负载电流，称为电缆长期允许载流量。

二、事故经过

某公司新建成的商务办公楼装有两套空调系统，每套系统有 3 个机组，分别是 3 台 ST 55.2 机组和 3 台 ST 50.2 机组，编号分别为 H_1、H_2、H_3 和 H_4、H_5、H_6。

7 月 15 日在空调制冷调试期间发生 H_2 热泵电源断路器跳闸故障，7 月 18 日上午发生 H_4 热泵电源断路器跳闸故障，两次故障均无法恢复。通过技术人员测量，运行电缆温度在 70℃～80℃。7 月 18 日，对此机组的电缆解开进行绝缘摇测，发现 H_2 机组电缆 B 相接地（AB、AC、BC 绝缘均为 500MΩ，A 对地、C 对地绝缘均为 240MΩ，B 对地 0MΩ）；H_4 机组电缆 C 相接地（AB、AC、BC、A 对地、B 对地绝缘均为 500MΩ、C 对地绝缘均为 0MΩ）。经查，在 21 层电缆桥架至电缆竖井的转弯处有放电痕迹（如图 1-5 所示），系电缆长期重力作用、桥架转弯处铁皮切入所致。拆开电缆架封板，发现有多根电缆破损（如图 1-6 所示）。对其他热泵电缆用 2500V 摇表进行 1min 绝缘摇测，除 H_3 机组电缆 A 对地绝缘为 6 MΩ 外，其余相对相、相对地绝缘都大于 150MΩ。

21层电缆桥架至电缆竖井的转弯处的放电痕迹

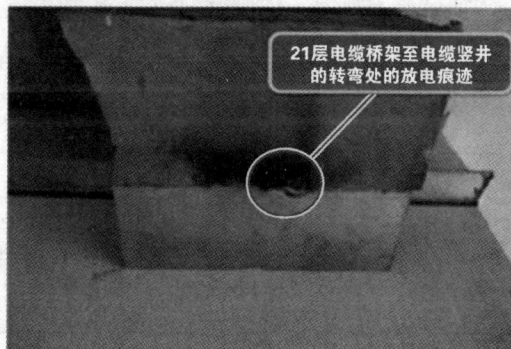

图 1-5 电缆桥架转弯处的放电痕迹

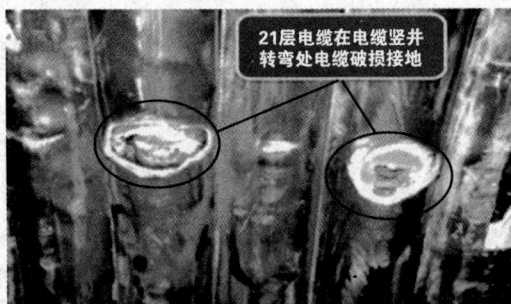

图 1-6 桥架转弯处电缆破损接地

经查，垂直电缆桥架内电缆固定横档大部分脱落，许多层电缆护套出现环裂破损。7月20日，采用横档加固后对电缆固定，再对破损处进行处理，电缆绝缘得到恢复（如图 1-7 所示）。

三、原因分析

（1）ST 55.2 机组最大负荷电流 416A，ST 50.2 机组最大负荷电流 398A，机组电源电缆按设计敷设的是一根 4×240＋1×150 的无铠装电缆。查表在环境温度 30℃时，最大载流量为 367A，实际在空调开机时电缆都超负荷运行。电力电缆载流量情况如表 1-1 所示。

表 1-1　　　　　　　　　　电力电缆载流量表

标称截面 mm²	非铠装				铠装			
	在空气中		在地下		在空气中		在地下	
	铜	铝	铜	铝	铜	铝	铜	铝
1.5	15	—	20	—	—	—	—	—
2.5	21	16	28	21	—	—	—	—
4	26	21	34	27	25	21	33	26
6	37	25	45	33	36	25	44	32
10	46	36	56	43	45	34	54	41
16	60	47	72	55	58	45	70	53
25	82	64	95	75	80	62	95	74
35	108	84	123	96	107	82	121	94
50	134	100	151	113	132	98	149	110
70	165	124	181	136	162	122	180	135
95	201	156	216	165	200	152	212	

续表

标称截面 mm²	非铠装				铠装			
	在空气中		在地下		在空气中		在地下	
	铜	铝	铜	铝	铜	铝	铜	铝
120	236	183	246	192	230	180	241	187
150	281	214	287	219	275	208	280	212
185	328	246	334	251	318	236	324	241
240	367	268	374	275	352	253	360	261
300	418	330	428	341	401	314	412	325

由于电缆超负荷运行导致电缆发热，当温度在 70℃～80℃时引起电缆热膨胀延长，并在重力作用下，将固定横档焊接处拉脱，引起电缆下垂，这是此次事故发生的直接原因。

（2）如图 1-7 所示，由于电缆桥架内绑扎电缆的横档的焊接质量差，只是点焊，没有满焊，电缆垂直重力使得焊接处脱落，横档起不到固定作用是此次事故发生的间接原因。

图 1-7 电缆竖井内电缆情况

（3）设计人员在选择电缆时是按厂方技术协议提供的电流参数（ST 50.2 机组总电流 283.7A，ST 55.2 机组总电流 310A）进行的，但实际到货后资料显示电流参数为 ST 50.2 额定电流 378A，ST 55.2 额定电流 403A。厂方资料变化没有及时通知设计人员更改电源电缆的选择，是此次事故发生的主要原因。

四、吸取的教训

电力电缆在使用中负荷不得超过其安全载流量；大截面的电力电缆在垂直敷设

时，由于其自身重量大，固定横档要牢固可靠。电缆的选择要以设备的实际参数为依据，事先提供的资料要和实际核对，才能保证选择正确。

五、整改措施

（1）加固电缆桥架内的横档，重新利用桥架二侧的螺孔，用直径为 16mm 的镀锌圆钢，两头绞牙后穿入用螺母固定，每 1.5m 一档，把电缆逐档绑扎固定。

（2）破损电缆护套用 3M 自粘式绝缘包带包扎，在 21 层的电缆桥架的转弯处，把转弯角度放大，连接处做成圆弧形，避免铁皮快口切割电缆。

（3）根据实际负荷情况，对 ST 50.2 机组增加一根 3×95 电缆；对 ST 55.2 机组增加一根 3×120 电缆。

六、思考题和提示

（1）为什么电缆负荷超过其安全载流量时电缆会发热损坏？

提示：电缆导体中流过电流时会发热，当发热量等于散热量时，电缆导体就有一个稳定温度，安全载流量是指刚好使导线的稳定温度达到最高允许温度时的载流量。

（2）电缆中通过电流的大小和什么有关？

提示：和电缆导体的截面大小有关。

（3）什么是电缆的载流量？

提示：电缆载流量是指电缆在输送电能时允许传送的最大电流值。其不会使电缆过热而造成绝缘老化，又称为安全载流量。

（4）导体电阻与温度有什么关系？

提示：导体电阻值的大小不但与导体的材料以及它本身的截面有关，还与导体的温度有关。一般金属导体的电阻值随温度的升高而增大。

案例三 接触电阻增加电流互感器发热险肇事故

一、理论

当电流通过导体时，由于电阻的存在，将产生功率损耗而引起发热，这种效应为电流的热效应。电流通过导体时发热量 $Q = I^2Rt$，I 为通过导体电流、R 为导体电阻、t 为电流通过的时间。

电流互感器有两个或者多个相互绝缘的线圈，原线圈匝数较少，副线圈匝数较多。

为保证电力系统安全稳定运行，必须对电力设备的运行情况进行监视和测量。但一般的测量和保护装置不能直接接入一次高压设备，而需要将一次系统的大电流按比例变换成小电流，供给测量仪表和保护装置使用。

电流互感器能起到变流和电气隔离作用，即能把大电流按一定比例转变为小电流（我国规定电流互感器的二次额定为 5A 或 1A），提供给仪表、继电保护及自动装置用，并将二次系统与高电压隔离。它不仅能保证人身和设备的安全，也使仪表和继电器的制造简单化、标准化，提高了经济效益。

SF_6 气体绝缘电流互感器是以 SF_6 气体为主要绝缘介质的电流互感器，耐绝缘老化性能好，与油浸式电流互感器相比，它的运行更安全可靠，使用寿命更长，运行中除了对 SF_6 气体的工作压力、微水含量有要求外，日常维护更简单。

二、事故经过

某日，××变电站 110kV 电流互感器 SF_6 泄漏报警，检查人员到达现场后发现，C 相电流互感器气体压力已达到 0.32MPa（正常压力为 0.39MPa、报警压力为 0.35MPa），且还有继续恶化的趋势，一次接线端伴有放电现象，当即进行处理，发现一次导电连接板发热熔化、环氧法兰已受热开裂（如图 1-8 所示），释压阀未动作。

检查人员调换该台电流互感器并充气静止 12h，检测绝缘、伏安特性试验合格后投运。

3 天后，运行人员特别巡视时发现新调换的 C 相电流互感器一次侧分接头处（原放电现象处）有小量的相对温差。8 天后，运行人员进行特别巡视时发现此处发热现象严重（现场测量有 168℃），停役检修时发现原放电现象处螺栓紧固不够，且有过热熔化现象（如图 1-9 所示），SF_6 气体压力正常。现场测量 C 相一次侧直流电阻 36MΩ，相对于 B 相 0.123MΩ 明显偏高。运行人员调换螺栓并重新紧固，绝缘、变比、直流电阻测试合格后投入运行，再没有发现异常。

图 1-8　环氧法兰已受热开裂

图 1-9　导电连接板发热熔化

三、原因分析

（1）厂方在产品出厂时螺栓紧固不够，一次接线连接片装配公差过大，出厂时未对电流互感器一次导电回路做直流电阻的测量试验。

（2）现场检修人员忽视对一次导电回路螺栓紧固的检查，认为螺栓弹簧垫片平即表示接触良好。

（3）运行人员日常巡视不够仔细，未发现技术改造后电流互感器导热异常缺陷，使一次导电回路过热，引发电流互感器的缺陷。

四、吸取的教训

（1）设备生产方在制造工艺上必须提高质量，严防由于装配公差过大引起导电回路接触电阻偏大进而导致过热。

（2）现场检修人员必须发扬严、细、实的工作作风，不能忽视对螺栓紧固的检查，不能认为螺栓弹簧垫片平即表示接触良好。

（3）运行人员巡视质量有待提高，应能及时发现技术改造后设备关键部位的异常情况，做好设备关键部位导热温度变化的记录。

五、整改措施

（1）对新更换的电流互感器导电接触部分进行净化处理，确保导电回路通流正常。对于已运行的设备，加强红外线检测，建立相应数据库，严防导电回路接触电阻突变。

（2）对新投入运行的电气设备要加强巡视。

六、思考题和提示

（1）户外 SF_6 电流互感器正常运行时应注意什么？

提示：电流互感器二次侧严禁开路；电流互感器二次侧仅允许有一点接地。110kV SF_6 户外电流互感器运行压力值应在规定范围内。

（2）电流互感器日常巡视应检查哪些项目？

提示：各电气连接部位无发热、断股及松动；瓷套表面清洁，无破损、无裂纹及放电痕迹；本体无异常声音；SF₆ 温度表示应在正常区域。

（3）电流通过导体，导体将发热，其发热的程度取决于什么？

提示：参看本案例理论。

（4）电流互感器二次侧为什么严禁开路？

提示：电流互感器是一种降流变压器，一次侧线圈匝数很少，且一次电流的大小仅取决于负荷电流，二次侧线圈匝数很多。在二次侧开路时，会造成铁芯高度磁饱和，二次侧电压会上升到数千伏，从而影响二次回路的正常运行，并危及人身安全。

案例四　进口电缆烧坏，如何选择国产电缆替代

一、理论

电缆载流量是指某种电缆在输送电能时允许传送的最大电流值。电缆导体中流过电流时会发热，绝缘层中会产生介质损耗，护层中有涡流等损耗。因此，运行中的电缆是一个发热体。

二、事故经过

某单位有一台国外进口电压等级为 380V、额定容量为 500kW、额定电流为 894A（正常工作电流约为 850A）的锅炉水泵电动机。连接锅炉水泵电动机电源的是配套进口的单根、铜芯、截面 325mm² 的交联聚乙烯电缆，采用电缆桥架明线敷设，单根长度 280m，设计方案来自国外。

某日，该单位发生火灾，殃及锅炉水泵，致使锅炉水泵电缆大部分烧毁。

三、原因分析

（1）如图 1-10 所示，由于该单位设有现成的进口 325mm² 交联聚乙烯电缆，更换锅炉水泵电缆时，工作人员在未按规定计算单根电缆应具备的载流量的情况下采用现有国产 300mm² 交联聚乙烯电缆替代。《电力工程电缆设计规范》（GB 50217—2007）对明线敷设国产交联聚乙烯单根电缆载流量有如下规定：

（环境温度 40℃）

截面（mm²）	交联聚乙烯	截面（mm²）	交联聚乙烯
300	738A	400	908A

环境温度不同可按以下系数修正：

15℃	20℃	25℃	30℃	35℃	40℃
1.41	1.34	1.26	1.18	1.1	1

（2）根据表格内容的规定与温度换算，如用 300mm² 交联聚乙烯电缆替代原来的 325mm² 电缆，载流量不能满足要求。

四、吸取的教训

（1）计算 300mm² 电缆电压降：铜的电阻率 $\rho = 0.0172\Omega$（$\Omega \times m/mm^2$），单根电缆电阻 $R = 0.0172\Omega \times 280m/300mm^2 = 0.0161\Omega$。锅炉水泵电机额定电流 894A，则单根（相）电缆电压降为 894A×0.0161Ω＝14.39V，换算至线电压 14.39V×1.732＝24.9V，锅炉水泵电机工作电压为 380V－24.9V＝355.1V。

（2）《电能质量供电电压允许偏差》（GB 12325—2008）规定：20kV 及以下三

相供电的，电压允许偏差为额定电压的±7％。锅炉水泵电机最低工作电压需 380V×（1－0.07）＝353.4V，300mm² 电缆电压降在偏差边缘。

五、整改措施

通过计算电缆的截面积，采购国产 400mm² 电缆替代原进口 325mm² 电缆。

六、思考题和提示

（1）锅炉水泵电机工作电压低于国家标准怎么办？

提示：可从增加电缆截面，减少电缆电压降；调整变压器分接开关，提高输出电压；变压器母线安装补偿电容器等方面思考解决。

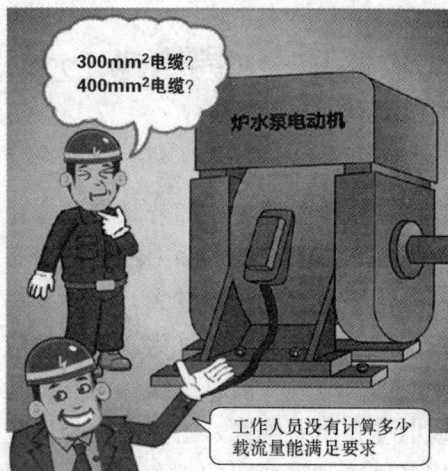

图 1-10 未按规定计算电缆应具备的载流量

（2）为什么电缆截面增大，交流电流载流量不成比例增大？

提示：当交变电流通过导体时电流将集中在表面流过，这种现象叫"集肤效应"。"集肤效应"导致电缆截面增大，电缆载流量增加不大，两者不成比例。

（3）电缆接头发热是怎么回事？

提示：电缆对接后，电缆对接头会出现比原来导线大的接触电阻，当较大负荷电流流过接头，可根据公式 $W＝I^2R$，演算出电缆对接头的功率。

（4）电缆运行中要考虑哪些载流量？

图 1-11 计算电缆的截面积

提示：一是长期工作下的允许载流量，二是短时间允许的过载流量，三是短路瞬间允许的电流。

案例五 220kV 电缆本体绝缘击穿故障

一、理论

在交流电路中，随着频率的变化，导线截面上的电流分布会不均匀，而且随着频率的增加，导线截面上的电流分布越来越向导线表面集中，导线轴线和表面附近的电流密度差别越来越大，当频率高到一定程度时，电流就明显地集中到导线表面附近流动，这种现象称为"集肤效应"。

如果电缆介质（绝缘）内含气孔或有其他缺陷，电缆导体电场会造成畸变，导致电缆介质（绝缘）击穿电压降低畸变。电缆介质（绝缘）的击穿普遍规律：总是从电气性能最薄弱的缺陷处发展起来。这里的缺陷指电场集中处，即集肤效应所导致。

二、事故经过

某公司电缆已运行 20 多年，电缆型号为 $ZQCY_{102}$—220kV $1\times845mm^2$，电缆及附件制造厂商为××厂。

某日下午该公司接到电调通知，电缆 C 相断路器跳闸，零流一段动作，录波仪显示距离××站 0.1km，故障电流 30kA，××变电站 2 号主变压器失电，××变电站 110kV 和 35kV 自切成功。

三、原因分析

该公司电缆检修中心接到通知后及时安排现场检查和故障测寻工作，发现电缆故障点位于 1 号接头至 2 号接头之间的电缆本体。从图 1-12 中可以明显看出电缆受到外界机械力作用而滞留的缺陷，未能及时发现该缺陷并进行处理引发的故障。该故障使××变电站内电缆终端接地箱和 1 号换位箱受到影响，电压限制器——氧化锌阀片因过电压击穿粉碎（如图 1-13 所示）。

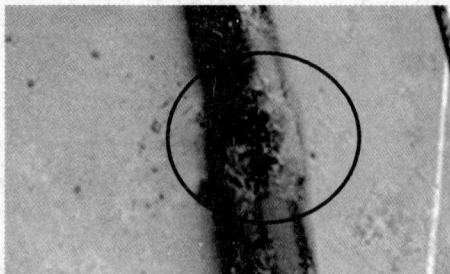

图 1-12　电缆受到外界机械力作用而滞留的缺陷

综上所述，认定此次事故发生的原因为：

（1）电缆绝缘电气性能下降，缆芯表面的高电场击穿介质（如图 1-14 所示）。

图 1-13　电缆换位箱受到
故障而损坏

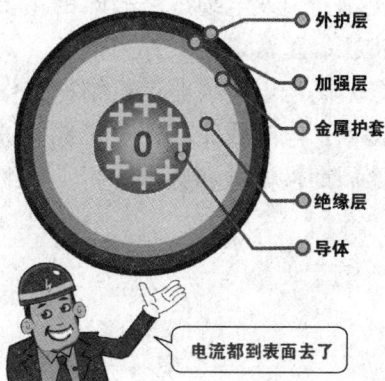

图 1-14　电缆断面图——导体"趋肤
效应"（导体表面电场场强"＋"分布状）

（2）电缆在运行中受到外界机械力影响，绝缘受到损伤。

（3）电缆接地箱和 1 号换位箱受到故障影响而损坏。

四、吸取的教训

电缆线路巡视工作停留在表面，未对运行中的电缆线路进行有效监控。

五、整改措施

（1）加强电缆线路巡视技术措施，减少外界机械力因素影响，避免电缆绝缘受损。

（2）加强对运行电缆线路的在线状态检测，及时发现电缆线路上的缺陷。

六、思考题和提示

（1）工频交流电通过电缆导体时，电流有哪些特性？

提示：在交流电路中，随着频率的变化，在导线截面上的电流分布会不均匀；随着频率的增加，导线轴线和表面附近的电流密度差别越来越大；当频率达到工频时，电流就明显地集中到导线表面附近流动。这种现象称为"集肤效应"。

（2）电缆介质（绝缘）缺陷致使电气性能下降的后果是什么？

提示：电缆介质（绝缘）有缺陷，电缆导体电场因此会造成畸变，导致电缆介质（绝缘）击穿电压降低，最终导致电缆介质（绝缘）击穿。

（3）电力系统输配电线路如何降低集肤效应？

提示：为了减小电缆导体的趋肤效应，大截面电缆导体采用分裂型；为了有效利用导体材料并使之散热，大电流母线常做成槽形或菱形；在高压输配电线路中，采用钢芯铝绞线代替铝绞线，采用扩径增大表面积。

（4）引发电缆线路故障的主要因素有哪些？

提示：引发电缆线路故障的主要因素有以下六大类：人员过失、设备不完善、自然灾害、正常老化、外力损坏、其他。

（5）高压电缆线路运行维护工作包括哪几方面内容？

提示：电缆线路巡视及工地监护，尤其对外界机械力损伤电缆线路的防护；电缆线路周期性试验和数据分析；电缆线路在线状态检测。

案例六 铜排电阻超标成事故隐患

一、理论

在电力系统中，母线是将配电装置中各个载流分支回路连接在一起的装置，它起到汇集和分配电能的作用。由此可见，母线在电力系统中起着不可或缺的作用。母线在运行时不仅要通过正常的负荷电流，还要经得起短路电流的考验。

由于母线在运行时长期有正常的负荷电流通过，电流通过母线时产生的热量与母线的材质、电流密度以及母线连接点接触面物理状态有着密切的关系。根据焦耳定律 $Q=I^2Rt$（其中 Q 是发热量，单位是"焦耳"，I 是通过导体的电流，R 是导体的电阻，t 是电流通过导体的时间），当导体的电阻增大时，其发热量也随之增加，当通过导体的电流增大时，其发热量与电流的平方成正比，与通电时间成正比。根据热学原理，若导体在理想的真空环境内（不考虑散热），不考虑电阻率随温度的变化而变化，则有：

$$Q = I^2Rdt = C_p\rho_m Ald\theta$$

式中　I——通过导体的电流；

　　　dt——通电时间；

　　　Al——导体截面积和长度；

　　C_p，ρ_m——导体比热容和密度；

　　　$d\theta$——温升。

当电流通过时，导线的发热与散热是同时存在的，当发热量与散热量相等，达到热平衡时，导线的温度便达到恒定。

二、事故经过

某日，××开关站对安装好的 KYN 型中置式断路器柜（如图 1-15 所示）进行设备验收。KYN 型中置式断路器柜配 VS1 断路器，柜中的主母线采用 80mm×8mm 的铜母线，分支引线采用 60mm×6mm 的铜母线。当验收人员查看安装单位的设备交接试验报告时发现，相邻两柜间的回路电阻偏差较大，极不平衡，便对每个断路器柜内的所有一次设备逐一排查，在确认电流互感器、断路器及母线连接头等均无接触不良后，对柜体内的主母线和分支引线分段测量其本身电阻。

图 1-15 中置式断路器柜

表 1-2 中所示的是验收人员测量的 24 根长度为 80cm、截面为 80mm×8mm 的铜母线的电阻值。其中有 5 根的电阻值在 22～26μΩ 之间，其余 19 根的电阻值在 48～64μΩ 之间（该母排每根的计算值应为 21.8μΩ），显然这 19 根铜母线的电阻已严重超标。

表 1-2 各根母线的电阻测量值

仓位编号＼相位（母线）	A（μΩ）	B（μΩ）	C（μΩ）
1	59.2	60.8	64.0
2	24.0	22.4	25.6
3	52.8	64.0	25.6
4	62.4	60.8	59.2
5	59.2	54.4	60.8
6	60.8	56.0	24.0
7	54.4	64.0	60.8
8	60.8	48.0	56.0

三、原因分析

（1）质量不合格的铜母线安装在设备上并流入施工现场，主要是由于设备生产厂对铜母线没有严格的进货要求，安装到设备上后又没有按规范进行试验，也没对试验数据进行分析审核所导致。

（2）安装施工单位在做设备交接试验时，只管做数据，但对所做的数据没有进行分析对照，直至运行单位现场验收时才发现问题。

四、吸取的教训

（1）异常设备长期运行会对母线的安全运行带来极大的危害，出现母线因发热而温度升高、氧化，严重时出现变软、变形甚至熔化的现象。

（2）长时间的高温会使铜排所镀的锡熔化，并加快铜的氧化。由于锡层的熔化和铜的氧化，在铜排连接处会出现微小间隙和氧化层，因此接触电阻会不断增大。在长时间运行后，又进一步加剧母线发热，形成恶性循环。

（3）在有短路电流通过、负载电流大、母线覆盖尘灰、母线连接点接触不良等情况发生时，发生母线事故的可能性就会增大。

五、整改措施

（1）按规定测试母线的电阻值，运行中应监测母线接头的温度。

（2）在封闭式的断路器柜中母线运行状态不易观察，因此对待这类不易察觉的故障更要重视。

六、思考题和提示

(1) 什么是导体的电阻率?

提示:电阻率是用来表示各种物质电阻特性的物理量,是反映物质对电流阻碍作用的属性。某种材料制成的长 1m,横截面积是 $1mm^2$ 的电阻,叫做这种材料的电阻率,其单位是 $\Omega \cdot m$,常用单位是 $\Omega \cdot mm^2/m$。电阻率不仅和导体的材料有关,还和导体的温度有关。

(2) 母线导电接头发热的原因是什么?

提示:硬母线常见的故障是接头处发热。其主要原因是接头处接触电阻增大,接触电阻的大小跟接触面的大小、接触面的硬度、接触压力和接触面的氧化层等因素有关,同时根据公式 $Q = I^2 Rt$,可见工作电流超过母线额定载流量时,也会发生母线接头及母线发热的现象。

案例七 无功补偿电容器未投运导致电费增加

一、理论

电力系统中大部分负载是电阻、电感串联电路，为提高功率因数常用电容器与它并联。

RL 串联电路是一个电感性负载，它的电流 i_L 滞后于电压一定角度 φ_1、电容上的电流 i_C 超前电压90°，电容电流对电感电流进行了补偿，可以减少供电线路的供电电流。

在电力系统中提高功率因素，可以使电力设备的容量得到充分利用。供电部门要求用户功率因素能达到一定值，进行无功功率就地补偿。

二、事故经过

某公司新建的基地正式使用后的一年多时间里，电费始终很高，每月均需4万～5万元。通过检查使用的用电设备，发现功率并不大，电费不应该如此高。后和供电部门联系，得知是由于功率因数过低，没达到规定的0.8以上，因此电费偏高。

此基地的供电系统装有自动无功补偿装置，理论上不会发生功率因数不达标的情况。后经查阅电费账单发现，每月的功率因数在0.6～0.7之间，现场看计量柜内显示功率因数也为0.6。某日，专业人员对配电间无功补偿柜（如图1-16所示）进行检查，发现此装置没有正常工作。对照图纸（如图1-17所示）检查发现，无功补偿柜的取样电流没有引入，取样电流必须取自进线柜的电流互感器二次侧，此联络电缆没有敷设，造成无功补偿柜未起作用。

图1-16 无功补偿柜

后停电敷设此联络电缆，把取样电流引入到无功补偿柜的端子，再送电观察补偿柜工作正常，能够根据系统的功率因数情况自动投切相应的电容器数量，使功率因数始终保持在0.85～0.9之间。此后每月电费均在1万～2万元之间。

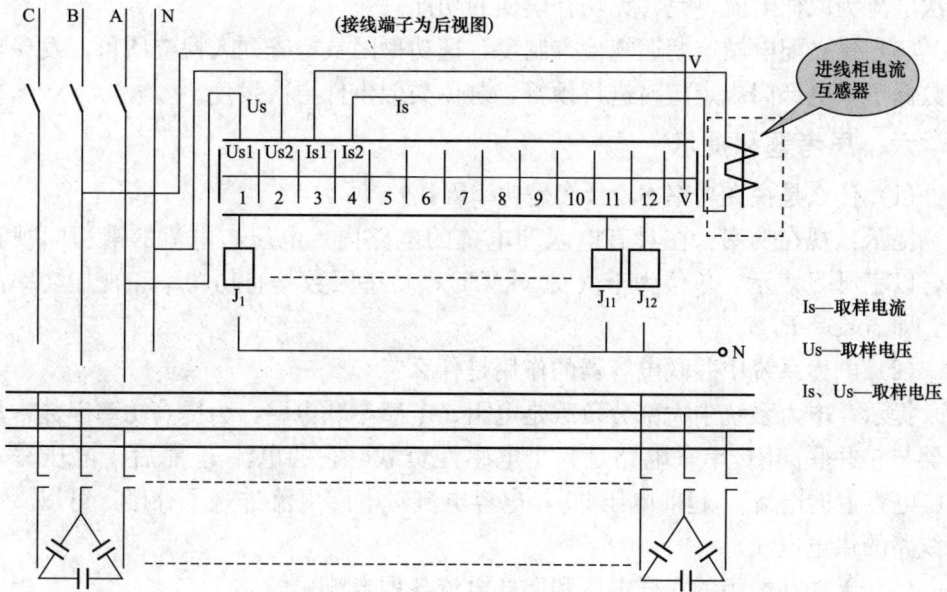

图 1-17　无功补偿控制器接线图

三、原因分析

（1）无功补偿柜上的功率因数表需要取样电压和取样电流，取样电流取自进线柜的电流互感器二次侧，而该无功补偿柜的取样电流没有引入，这是此次事件发生的直接原因。

（2）本次施工图设计没有开列进线柜至无功补偿柜的联络电缆，施工人员接线时未发现此问题；在调试时应该可以发现无功补偿柜无法正常工作，但调试未认真进行，只是通电指示灯亮了，致使无功补偿柜长期未起到无功补偿作用，这是此次事件发生的主要原因。

（3）配电站交付使用在接收设备时，运行人员也未检查出无功补偿装置的问题，对业务不熟悉、技术水平低，导致无法发现问题，这是此次事件发生的间接原因。

四、吸取的教训

用户在用电时，功率因数未达到供电部门要求的数值（比如 0.8），在电费计算时要为无功电流在电网上的损耗买单，增加电费开支。因此无功补偿装置要保证运行正常。

五、整改措施

（1）加强运行人员的技术水平，及时发现设备存在的缺陷。

（2）增加所缺的进线柜至无功补偿柜的联络电缆，取进线 A 相电流互感器的二次电流为取样电流，完善无功补偿柜的功能。

（3）建立配电站定期巡视检查制度，把功率因数检查列入检查项目，发现功率因数低于供电部门规定值时进行预警，避免类似事件再次发生。

六、思考题和提示

（1）什么是视在功率 S，什么是功率因数？

提示：视在功率：在具有电阻和电抗的电路内，电压与电流的乘积叫视在功率，以字母 S 表示，单位为千伏安（kVA）；功率因数是有功功率和视在功率的比值，即 $\cos\varphi = P/S$。

（2）电力系统中并联电容器的作用是什么？

提示：电力系统中大部分负载是电阻、电感串联电路，为提高功率因数常用电容器与它并联。RL 串联电路是一个电感性负载，它的电流 i_L 滞后于电压一定角 φ_1、电容上的电流 i_C 超前电压 $90°$，电容电流对电感电流进行了补偿，可以减少供电线路的供电电流。

（3）无功补偿柜的取样电压和取样电流各取自哪里？

提示：无功补偿柜的取样电压取自本柜，取样电流取自进线柜，且和电压同相。

（4）什么是无功功率？

提示：在具有电感（或电容）的电路里，电感（或电容）在半周期的时间里把电源的能量变成磁场（或电场）的能量贮存起来，在另外半周期的时间里又把贮存的磁场（或电场）能量送还给电源。它们只是与电源进行能量交换，并没有真正消耗能量。我们把与电源交换能量的振幅值叫做无功功率，单位 Var（乏）。

案例八 新换的电瓶车转向灯又坏了

一、理论

串联电路是将电路元件首尾依次相连组成的电路。

电路串联的特点包括：

串联电路电流处处相等，$I = I_1 = I_2 = I_3 \cdots$

串联电路总电压等于各支路电压之和，$U = U_1 + U_2 + U_3 \cdots$

串联电阻的等效电阻等于各电阻之和，即 $R = R_1 + R_2 + R_3 \cdots$

串联电路中，除电流处处相等以外，其余各物理量之间均成正比。

电源串联是指将前一个电源的负极和后一个电源的正极依次连接起来，其特点是可以获得较大的电压与电源。

二、事故经过

沈某的电瓶车的电源电压是48V，有一天，车子的转向灯坏了，修车师傅麻利地换了一盏灯，沈某试了一下，灯特别亮，问及原因，师傅说，他的灯质量好。沈某高兴地离开了。没过多久，这盏灯就烧毁了。

三、原因分析

（1）小沈把车推到别的车行，经师傅检查，发现转向灯的额定电压是36V，车子电源电压是48V，电压过高导致灯泡烧掉。

（2）之前的修车师傅，由于没有额定电压48V的灯泡，为了招揽生意糊弄客人，只要灯泡亮了就可以，拿一个额定电压36V的灯泡装上，当时是亮的，还比原来的要亮一些，可开灯的时间稍长就烧坏了。

四、吸取的教训

灯泡的额定电压应与电源电压一致，否则不能使用。

五、整改措施

如没有额定电压48V的灯泡，只有额定电压36V的灯泡、灯泡电阻为500Ω，可以用串联电阻的分压方法，计算电阻的阻值、转向灯和电阻分配到的电压。电瓶车提供的电压是48V，而修车师傅换上的转向灯额定电压是36V，串上一只电阻，阻值为171Ω、功率为1W即可。这称为分压等效原理，如图1-18所示。

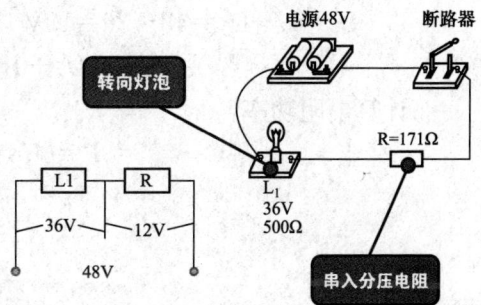

图1-18 分压等效电路

六、思考题和提示

（1）已知一部分电路的端电压为 10V，电阻为 5Ω，则电流为多少？

提示：用部分电路欧姆定律公式

$$I=U/R \qquad I=U/R=10/5=2A$$

（2）已知在交流电压为 220V 的供电线路中，若要使用一个额定电压为 110V，功率为 40W 的灯泡，应串联一个阻值为多少的电阻？

提示：
$$R=U^2/P=302.5Ω$$
$$P=UI \quad I=P/U=40/110=0.3636A$$
$$I=U/R \quad R=U/I=110/0.3636=302.5Ω$$

（3）已知一只电熨斗发热元件的电阻为 40Ω，通入 3A 电流，则其功率 P 为多少瓦？

提示：
$$P=I^2R=9×40=360W$$
$$I=U/R \quad U=IR=3×40=120V \quad P=UI=120×3=360W$$

（4）全电路欧姆定律中的哪些说法是正确的？

提示：电流的大小与电源电动势成正比，与整个电路的电阻成反比。

（5）没有额定电压 48V 的灯泡，只有额定电压 36V 的灯泡，灯泡电阻为 500Ω，怎样用串联电阻的分压方法，计算电阻的阻值和电阻分配到的电压。

提示：

计算电阻阻值：
$$U=U_1+U_2$$
$$U_1=36V$$
$$\therefore U_2=U-U_1=48-36=12V \quad I_1=I_2=U_1÷R_1=36÷500=0.07A$$
$$R_2=U_2÷I_2=12÷0.07=171Ω$$

计算电阻功率：
$$P=UI=12×0.07≈1W$$

案例九 熔体配置不合理导致电水壶熔丝烧断

一、理论

在纯电阻电路中，电压的瞬时值与电流的瞬时值的乘积称为瞬时功率。由于瞬时功率随时间不断变化，且不易测量和计算，因此没有实际意义，通常用瞬时功率在一个周期内的平均值 P 来衡量交流电功率的大小，这个平均值 P 称作有功功率。

二、事故经过

某公司办公室主任购买了一个功率为 1500W 的电水壶，洗干净放满水，检查了一下就插上 220V 电源插头，等了一会儿，发现电水壶还是凉的，马上请来电工，经检查，熔芯烧断了（如图 1-19 所示）。

三、原因分析

（1）电水壶加热采用电热丝，属于纯电阻用电器，因此，在正弦交流电路中主要是分析电路中电压和电流之间的关系（大小和相位）以及功率问题。纯电阻电路中电压与电流的关系为：当在电水壶两端施加交流电压 $u = U_m \sin\omega t$ 时，电水壶中将通过电流 i，电压 u 与电流 i 的关系满足欧姆定律，$i = I_m \sin\omega t$。如果用电流和电压的有效值表示，那么计算电流 $I = U/R$。

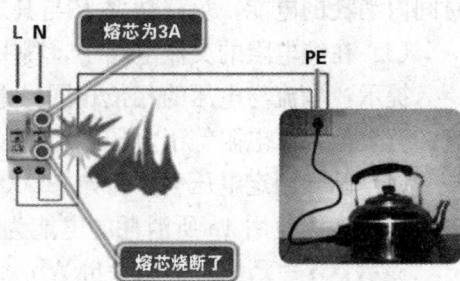

图 1-19 电水壶熔丝配置不合理

（2）也可以用纯电阻电路中的功率来分析，电水壶在电路中，电压与电流的瞬间值的乘积叫做瞬时功率。由于瞬时功率随时间不断变化，且不易测量和计算，因此没有实际意义，所以通常用瞬时功率在一个周期内的平均值 P 来衡量交流电功率的大小，这个平均值 P 称作有功功率。计算有功功率的公式为 $P = UI$。

设电水壶的电阻值为 R，则：

$$R = \frac{U^2}{P} = \frac{220^2}{1500} \approx 32.26\Omega$$

通过电水壶的电流：

$$I = \frac{U}{R} = \frac{220}{32.26} = 6.819A \approx 6.8A$$

四、吸取的教训

计算结果该电水壶的运行电流为 6.8A。原配的熔断体为 3A，和电水壶的运行电流 6.8A 不相符。造成熔断体烧断的主要原因是熔断器的熔芯配小了。

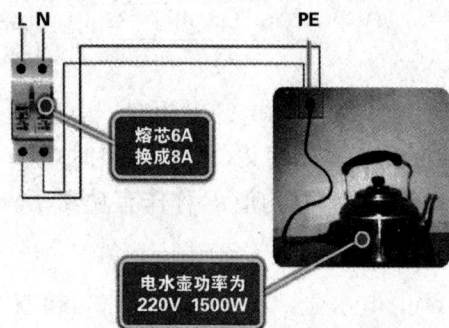

图 1-20　合理正确的熔丝配置

五、整改措施

熔断体的额定电流（A）应大于等于所有电具额定电流之和（如图 1-20 所示）。

六、思考题和提示

（1）在单相交流电路中的有功功率 P、无功功率 Q、视在功率 S 如何计算？

提示：$P=UI\cos\varphi$　$Q=UI\sin\varphi$　$S=UI$

（2）有关负载电功率，哪些说法是正确的？

提示：负载的电功率表示负载在单位时间内消耗的电能；负载功率 P 与其通过时间 t 的乘积称为负载消耗的电能。

（3）在纯电阻的交流电路中，哪些说法是正确的？

提示：电流与电压的相位相同；电路的有功功率等于各电阻有功功率之和；电流的有效值乘以电阻等于电压的有效值。

（4）已知额定电压为 220V、1500W 的电阻炉，接在 220V 的交流电源上，则电阻炉被连续使用 4h 所消耗的电能为多少 kWh？

提示：$W=Pt=1.5\times4=6$kWh

案例十 感应高电压引发的电击事故

一、理论

电磁感应现象不仅表现在导体运动切割磁力线产生感应电动势，还表现在处于交变磁场中的线圈也存在感应电动势的现象。

二、事故经过

南方某电力部门一座变电站新更换了一台 220kV 电压等级的大型变压器，该变压器上方就是 220kV 带电的母线。新更换的变压器按规定需做许多试验，其中继电保护需要做差动保护电流试验。试验人员曹某登上变压器，手执试验导线刚刚接触到变压器 220kV 套管铜排，立即感受遭到电击（如图 1-21 所示）。曹某遭到电击后，险些从变压器上坠落下来。

好厉害的感应电

图 1-21 感应电压

三、原因分析

（1）由于 220kV 变压器上方的 220kV 母线没有停电，所以在该母线一定范围内存在交变磁场。在该交变磁场下，距离很近的 220kV 变压器的套管引线产生了感应电压是此次事件发生的直接原因。

（2）变压器 220kV 侧没有接地是感应电压存在的主要原因。

（3）试验人员曹某在试验前没有应用保安线消除感应电压是此次事件发生的重要原因。

四、吸取的教训

（1）当交流电压达到一定电压等级后，运行中的高压线路对邻近导体可能产生相当高的感应电压，作业人员要预防感应电压可能的电击。

（2）在可能出现感应电的场合作业时，应有防止感应电的措施。

（3）在可能出现感应电的场合作业时，作业人员应携带相应的器具（如保安线等）。

五、整改措施

（1）在可能出现感应电压的设备区域作业时，作业的设备应采取接地措施消除感应电压（如图 1-22 所示）。

(2) 如果接地措施无法实施,在作业时应将随身携带的保安线一头接地,另一头接在工作设备上,保证感应电对作业人员没有伤害。

(3) 作业前,要充分考虑可能出现的感应电,并提醒作业人员注意。

为防止感应电压
应采取接地措施

在可能出现感应电压的设备区域,
作业的设备应消除感应电压

图 1-22　作业现场应采取的安全措施

六、思考题和提示

(1) 保安线是怎么回事?

提示:保安线是作业人员在高压场所防止受到感应电压伤害的措施,保安线采取铜质裸软线编织而成,截面一般不小于 $16mm^2$。作业人员认为可能出现感应电压的导线、设备,可将保安线一头接地,然后将另一头与导线、设备相连接,这样可以预防感应电压的伤害。

(2) 本案例中有没有其他消除感应电的方法?

提示:可以从第一种工作票中得到解决(停电设备应挂接地线)。

(3) 怎样区分第一种与第二种工作票?

提示:简单来说,第一种工作票属停电作业工作票,第二种工作票属不停电作业工作票。

第二集

电力系统基本知识

案例一 电流互感器接错线造成越级跳电

一、理论

中性点非直接接地电力网是指中性点不接地或经消弧线圈接地的电力网。在此电力网中,发生单相接地不会形成短路电流,可以在短时间内继续运行。但如果出现单相接地故障并在未消除故障前再次发生其他相接地故障,就会形成两相接地短路。

由电流互感器构成的保护装置,应接于两相电流互感器上,同一网络的所有线路均应装在相同的两相上。

二、事故经过

××变电站设有两台主变压器,高压侧电压为 35kV,低压侧为 10kV。10kV 均为不接地方式,采取单母线分段接线,并带有分段联络断路器,分段有备用电源自动投入装置。正常运行方式下,1 号主变压器送电 10kV 一段母线,2 号主变压器送电 10kV 二段母线,二段母线均配置电压互感器,并装设低压保护。10kV 分段断路器热备用,备用电源自动投入装置处于自动状态。10kV 一、二段母线进出线连接均采用电缆形式,装设三段或两段式过流保护和三相一次重合闸。由于全电缆线路大都为永久性故障,因此重合闸不投入。

某日,监控系统报警:1 号主变压器 10kV 侧过流保护动作,该主变压器 10kV 侧断路器跳闸,一段母线低电压保护动作。1 号主变压器 10kV 断路器位置显示变位闪光,10kV 一段母线电压表指示"0",所有出线断路器未跳闸,但电流、负荷指示"0",10kV 分段备用电源自动投入装置动作失败。

运行值班人员根据监控报警信号、断路器位置及电流指示,判断为 10kV 一段母线故障或一段母线所带元件故障保护拒动,于是运行值班人员立即到现场,未发现母线有明显故障点;检查了保护装置动作情况与遥信相符。随后运行值班人员根据调度命令,拉开 10kV 一段母线所有断路器,随即母线试送电成功,因此初步判断为线路故障保护拒动。但随后试送线路 L1 时发生 A 相单相接地故障,试送线路 L2 时发生 B 相单相接地故障(如图 2-1 所示)。经查,在离变电站不远处因建筑单位施工不慎造成 L1 线路 A 相和 L2 线路 B 相分别发生单相接地故障。与此同时,继电保护专业人员也到现场对二次回路进行了检查,发现线路 L1 电流互感器接至线路保护的相序错误(B 相电流互感器接保护)。

不接地电网两条线路发生不同相接地,至少应有一条线路跳闸。本次 L1 线路接地故障发生在 A 相(该相应有保护,但保护接在了电流互感器 B 相),L2 线路接地故障发生在 B 相(该相电流互感器没有保护),应该 L1 线路跳闸,但因 L1 线路电流

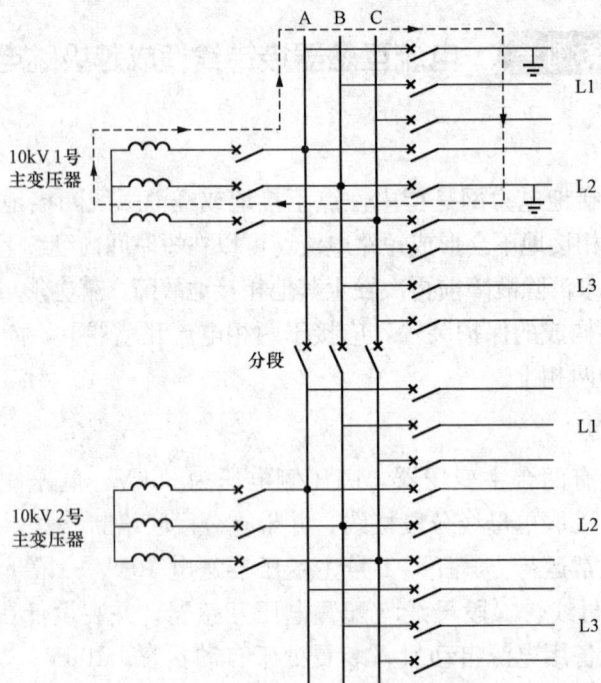

图 2-1　1 号主变压器两条线路不同相接地故障示意图

互感器接线错误，保护装置没有动作，导致越级 1 号主变压器 10kV 断路器跳闸。

三、原因分析

(1) 本次 L1 线路保护所接电流互感器错误（B 相）是造成线路保护拒动的直接原因。

(2) L1 和 L2 线路的不同相两点同时接地短路是本次事故发生的重要原因。

(3) 由于 10kV 为不接地系统，当某条线路发生单相接地故障不破坏线电压的对称性，不影响用电设备的正常供电（如图 2-2 所示）。只有当两相接地即构成相间短路，才会破坏线电压的对称性，影响用电设备的正常供电。一条线路的不同相两点接地短路与两相短路没有区别。如果不同相两点接地发生在不同线路上，由于不接地系统保护的特殊性，保护有可能产生不同的动作。不接地系统的线路保护一般采用两相式接线。当发生两条线路不同相接地时，可以在三分之二的情况下只切除一条线路，大大缩小停电范围。但要求所有线路保护所接电流互感器的相别必须一致（一般接 A、C 相）。

(4) 该变电站 1 号主变压器、2 号主变压器 10kV 侧过流作为各自 10kV 母线保护和 10kV 母线上各元件的后备保护。1 号主变压器 10kV 过电流保护越级动作后跳本变压器 10kV 侧断路器，10kV 母线备用电源自动投入装置启动处于热备用的分段断路器，2 号主变压器 10kV 二段母线通过分段断路器带 1 号主变压器一段

34

母线。由于 1 号主变压器出线故障未消除，10kV 分段自动投入失败。

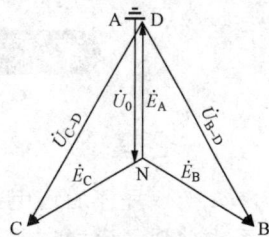

图 2-2　不接地电网 A 相接地的电压相量

四、吸取的教训

（1）随着城镇化建设的步伐加快，电力线路遭外力破坏事故频发，我们必须积极应对。

（2）继电保护误接线、误整定和误校验一直是困扰我们的顽症，需要下大力气予以克服。

五、整改措施

（1）加大外力破坏电缆的管控，一旦电缆线邻近有施工，应主动与施工单位取得联系，防患于未然。

（2）进一步规范施工和验收环节，从源头上杜绝误接线、误整定和误校验，确保电网安全运行。

（3）线路竣工第一次送电时，应测量六角图，用以判定电流互感器接线是否正确。

六、思考题和提示

（1）接地故障时现场检查设备的注意事项有哪些？

提示：由于接地点流过较大的接地电流，在接地点附近将产生较大的跨步电压。跨步电压的高低与接地点的接地电阻和接地电流的大小有关。国家标准规定：高压设备发生接地时，室内不得接近故障点 4m 以内，室外不得接近故障点 8m 以内，进入上述范围人员应穿绝缘靴，触摸设备的外壳或架构时应戴绝缘手套。

（2）当不接地系统发生接地故障，试拉原则是什么？

提示：试拉顺序为，空载（充电备用）线路、用户有备用电源的线路、易发生故障的线路、非重要用户的线路、长线路、短线路、重要用户线路。

（3）电压互感器熔断器熔断与单相接地的区别是什么？

提示：不接地系统电压互感器低压侧一相熔断器熔断时，熔断相电压指示接近"0"，但其他两相电压不发生变化，仍指示相电压。由于电压互感器开口三角绕组没有零序电压输出，所以绝缘监察装置或监控系统不发"单相接地"报警信号。但电压互感器高压侧一相熔断器熔断时与系统单相接地类似，即电压表显示熔断相电压很低，同时出现零序电压报警。

（4）如何判断不接地系统不同线路、不同相的单相接地故障？

提示：系统发生不同线路不同相接地后，一条线路跳闸，接地信号仍然存在；两条线路同时跳闸，接地信号消失，依此可以判断不同线路不同相的接地故障。

案例二　变压器近区短路造成变压器内部损坏

一、理论

一根导体通过电流，它的周围就要产生磁场，通过的电流越强，周围产生的磁场也越强，反之越弱。通电直导体在磁场中将受到力的作用，磁场越强所受的力就越大，反之越小；导体通过的电流越大导体所受的力就越大，反之越小。

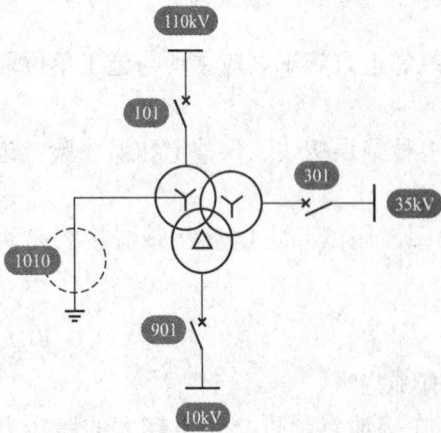

图 2-3　1 号主变压器三侧
断路器跳闸示意图

二、事故经过

××变电站有两台三圈变压器，电压等级分别为 110kV、35kV、10kV，110kV 中性点接地。

某日傍晚，超强台风登陆。21：20 该变电站 1 号主变压器三侧断路器 101、301、901 跳闸（如图 2-3 所示）。1 号主变压器气体继电器保护动作。运行人员现场检查发现，在 1 号主变压器 35kV 断路器和变压器套管之间的桥母线下有一块从变电站围墙外掉进来的彩钢板。彩钢板上方的桥母线有明显的放电痕迹。显然，彩钢板先落在桥母线上，造成桥母线短路后再被大风吹落下来。

上级部门立即组织人员对 1 号主变压器进行油色谱分析和电气试验。试验结果证实，该变压器内部已存在故障。立即启动应急预案，用一台备用变压器更换故障变压器，并将该故障变压器送到变压器修理场进行解体检查。解体后发现，35kV C 相线圈下部多股导线的绝缘被破坏（如图 2-4 所示），其中已有两股导线绷断。

三、原因分析

（1）本次变压器故障的直接原因是由于 1 号变压器 35kV 侧近区短路。如理论部分所述，载流导体在磁场中会产生一个力，称为电动力。电动力大小与导体所载电流大小有关，当然也和变压器漏磁通大小有关。当 35kV 线圈在正常电流时，变压器内的漏磁通不是很大，线圈所受的电动力也不可能大到使变压器线圈变形。但在短路电流的情况下，变压器内的漏磁通和线圈所受的电动力就会大大增加。如果短路电流足够大，就有可能使线圈在电动力的作用下端部的绝缘被破坏，甚至线圈导线绷断，因为线圈端部的漏磁通是最大的。

（2）本次变压器故障的主要原因是由于 1 号主变压器 35kV 侧线圈抗电动力能

图 2-4 变压器内部故障示意图

力不足。制造厂在设计制造阶段可以通过电磁计算将电动力减少到可能的最小水平，通过提高工艺水平如优化线圈排列，采用先进的气相衡压干燥压紧线圈，使之承受极大的电动力。此外还可以通过增加低压～中压主油道增加固有阻抗，通过内置限流电抗器增加总阻抗，使线圈免受电动力的破坏。

四、吸取的教训

天气发生变化，尤其是超强台风来临时，要做好一切可能发生事故的预防措施。平时要做好排除隐患的工作。

五、整改措施

（1）在主变压器低压侧桥母线加装热塑护套，防止变压器发生近区短路。

（2）要求变压器制造厂进一步提高设计能力和工艺水平，改善变压器线圈的抗近区短路能力。

六、思考题和提示

（1）导体周围产生的磁场大小与什么有关？

提示：导体通过电流，它周围就要产生磁场，通过的电流越强，周围产生的磁场也越强，反之越弱。

（2）如何判断通电直导体在磁场中受力的方向？

提示：将左手伸平，大拇指与四指垂直，让磁力线穿过手心，四指指向电流方向，则大拇指所指方向就是导体受力方向。

（3）载流导体在磁场中受力大小与什么有关？

提示：通电直导体在磁场中，将受到力的作用，磁场越强所受的力就越大，磁场越弱所受的力就越小；导体通过的电流越大导体所受的力就越大，通过的电流越小导体所受的力就越小。

（4）如何使变压器线圈免受电动力的破坏？

提示：制造厂在设计制造阶段可以通过电磁计算将电动力减少到可能的最小水平，通过提高工艺水平如优化线圈排列，采用先进的气相衡压干燥压紧线圈，使之承受极大的电动力。此外还可以通过增加低压～中压主油道增加固有阻抗，通过内置限流电抗器增加总阻抗，使变压器线圈免受电动力的破坏。

（5）如何防止变压器近区短路？

提示：在主变压器低压侧桥母线加装热塑护套，防止变压器发生近区短路。

案例三　大型电抗器故障起火

一、理论

并联电抗器在电力系统中的作用主要是补偿线路的容性充电电流，限制系统电压升高和操作过电压的产生，保证线路的可靠运行。

大型并联电抗器与普通变压器的区别是：普通变压器的铁芯由高导磁硅钢片叠成，而并联电抗器铁芯是由导磁的铁芯和非导磁的间隙交替叠成。普通变压器有初级和次级两个线圈，而大型电抗器只有初级一个线圈。普通变压器工作原理是电磁感应原理，它的作用主要是升高或降低电压；大型电抗器主要利用在额定电压下线性的特点来吸收系统电容性无功。大型电抗器的附件和普通变压器基本相同，它的冷却方式采用自冷式。

二、事故经过

××220kV 变电站 35kV 为双母线单分段接线方式。某日，该站 35kV 2 号电抗器因 BY 线圈的 Y 接头与套管铜杆连接松动，接触不良发热，引起电抗器内部过热故障，导致运行中的 35kV 2 号电抗器突然起火，电抗器瓦斯、纵差、压力释放保护动作，35kV 2 号电抗器断路器跳闸。事故现场情况如图 2-5 所示。

图 2-5　事故现场

三、原因分析

（1）电抗器结构设计不合理。

（2）各级绝缘监督人员对于该电抗器内部不断上升的总烃值和电试的直流电阻偏大均未给予足够的重视，过分依赖经验，导致在总烃值不断升高的情况下，未及时进行认真分析并采取积极有效的措施加以控制。

四、吸取的教训

在 2 号电抗器色谱出现异常后，工作人员虽进行了必要的跟踪，但对于其不断上升的总烃值和电试的直流电阻偏大均未给予足够的重视，过分依赖经验，误认为一时不会造成严重后果，从而造成设备长期带病运行而未及时予以必要的停电处理。

色谱报告等除了试验人员的试验数据和结论以外，各级绝缘监督人员在审核时仅有签名，对设备缺陷缺少分析、处理意见或决定。

五、整改措施

（1）加强与厂方的联系，把电抗器大修的工作真正落到实处。

（2）对同类电抗器进行普查、统计，及时安排停电处理缺陷或技术反措。

六、思考题和提示

（1）如何提高运行中的变压器气相色谱分析水平？

提示：定期取样测试、分析。加强缺陷跟踪、落实处理。

（2）变电站内并联电抗器的作用是什么？

提示：变电站内的并联电抗器是吸收无功、降低电压、无功补偿的手段。

（3）母线串联电抗器的作用是什么？

提示：可以限制短路电流，维持母线有较高的残压。

（4）电容器组串联电抗器的主要作用是什么？

提示：可以限制高次谐波，降低电抗。

案例四 低电阻接地故障

一、理论

电网中采用电缆供电，由于单相接地电容电流较大，常采用低电阻接地方式。电力电缆一旦发生绝缘击穿就会成为永久性故障，绝缘不能自行恢复，如果不及时断电，故障处绝缘会被迅速破坏，以至发展成为相间故障，使故障扩大。

低电阻接地系统能有效限制单相接地故障时的过电压倍数。同时，低电阻接地方式的主要特点是在发生单相接地时，能获得较大的阻性电流，直接跳开线路断路器，迅速切除单相接地故障。但是这种低电阻接地的运行方式在发生单相接地时，由于故障电流较大，也容易带来一些问题：电缆线中一点接地，大电流电弧有可能烧毁电缆并波及同一电缆沟内的相邻电缆，可能会扩大事故或酿成火灾，可能引起地电位升高，超过安全允许值。

二、事故经过

某日，WL1 线路（线路在事故前的运行状态如图 2-6 所示）C 相电缆故障，WL1 线断路器拒动，QF3 跳闸，BZT 动作，QF5 合闸后又分闸。经现场检查，电缆不仅自身烧毁，电缆沟里的控制电缆也被烧坏，造成 WL1 线路断路器拒动。

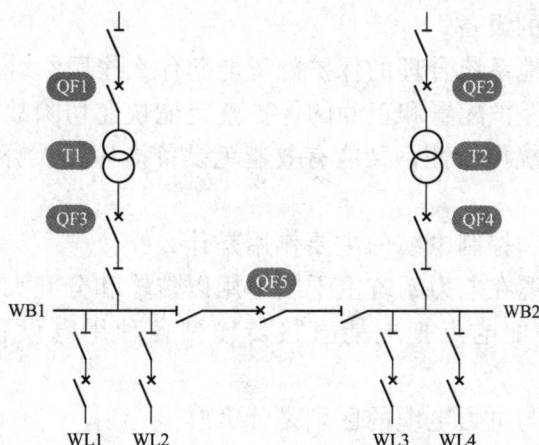

图 2-6 事故前的运行状态

三、原因分析

该变电站的接地方式为低电阻接地，当 WL1 线路 C 相电缆接地故障后，由于故障电流较大，控制电缆也被烧坏，造成 WL1 线路断路器拒动。

控制电缆和电力电缆相比，无论在使用功能、电压等级、结构、截面等方面都是不同的，因此当敷设在一起的电力电缆烧毁时，很容易使相邻的控制电缆也一起烧毁。

四、吸取的教训

（1）电缆敷设通道及电缆敷设要设计合理，通道不要过于狭窄。

（2）电缆群敷设在同一通道中时，应按电压等级由低至高、由弱电至强电的顺序排列。

（3）控制电缆应敷设在安全的区域内。

（4）低电阻接地系统应配置合适的保护并保持高度可靠性。

五、整改措施

（1）经小电阻接地系统保护的合理配置，零序保护的可靠动作及相关保护的配合（包括接地变速断与零序电流、接地变过流与零序电流）以及合理的保护动作行为是小电阻接地系统安全可靠运行的基础。

（2）严格按国家标准对电力电缆和控制电缆进行敷设。

六、思考题和提示

（1）低电阻接地的主要优点有哪些？

提示：在发生单相接地时，能获得较大的阻性电流，直接跳开线路断路器，迅速切除单相接地故障，过电压水平低，谐振过电压发展不起来，电网可采用绝缘水平较低的设备。

（2）低电阻接地系统合理的保护配置能起什么作用？

提示：合理的保护配置和正确的保护整定能快速切除故障线路，缩短故障排查时间，提高系统可靠性，又能有效避免设备损坏及人身触电事故，保证电力系统安全运行。

（3）电力电缆和控制电缆的主要作用是什么？

提示：电力电缆在电力系统主干线中用以传输和分配大功率电能；控制电缆用从电力系统的配电点把电能直接传输到各种用电设备器具的电源连接线路。

（4）控制电缆与电力电缆的区别是什么？

提示：功能不同，电压等级不同，结构不同，截面范围不同。

案例五　短路的危害

一、理论

电力系统发生短路可产生如下危害：短路电流通过导体可致导体温度急升，破坏设备的绝缘；短路点的电弧烧坏设备载流部分；短路电流产生很大电压降，破坏系统稳定性；短路电流产生的强电磁力破坏设备；短路可造成停电，给国计民生带来损失。

二、事故经过

如图 2-7 所示，××变电站事故前两台主变压器和所有线路均在运行状态，变压器高压侧为 110kV，低压侧为 35kV，1、2 号电抗器为热备用状态。

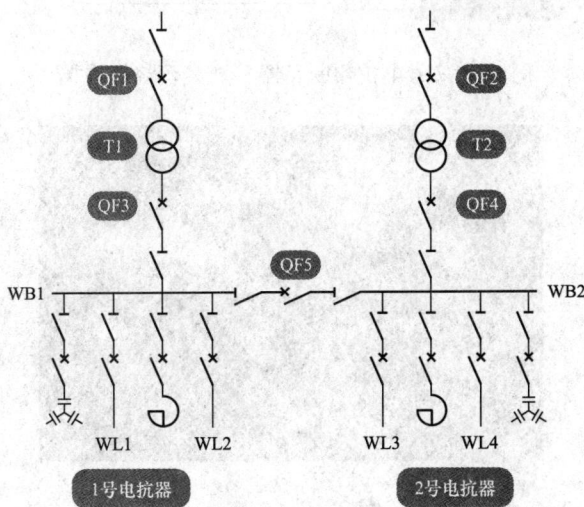

图 2-7　事故前的运行状态

某日，该变电站当值监盘人员发现自动化后台机事故跳闸语音报警，同时事故跳闸推画面。

保护动作情况：2 号主变压器 110kV 过流一、过流二动作。

断路器动作情况：2 号主变压器 110kV、35kV 断路器跳闸，35kV 分段断路器合闸后又跳闸。

值班人员对所在回路设备进行了检查：35kV 2 号电抗器断路器 C 相瓷套炸裂粉碎，邻近相和墙壁有明显的高温烧蚀痕迹（如图 2-8 所示）。机构 A 相和 C 相在分闸位置，B 相在合闸位置；35kV 2 号电抗器母线隔离开关三相熔融且支持绝缘子烧熔爆裂，铜导体烧熔严重，三相全部熔化（如图 2-9 所示）。B 相刀头失去支撑吊于副刀下桩头、A 相刀头刀臂及引排熔断。

电抗器瓷套炸裂并有烧蚀痕迹

图 2-8 2 号电抗器断路器 C 相瓷套烧蚀现场

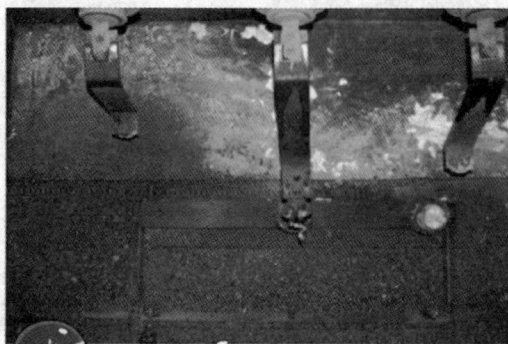

三相全部熔化

图 2-9 2 号电抗器母线隔离开关三相熔断现场

三、原因分析

（1）VQC 装置（可控制电抗器与电容器的投、切）事故前曾发出 2 号电抗器断路器合闸命令，断路器拒合；于是再次发出 2 号电抗器合闸命令，此时 2 号电抗器断路器出现了短路故障，是此次事故发生的直接原因。

（2）2 号电抗器断路器出现短路故障，实际就是 35kV 二段母线区域发生故障，35kV 二段母差动作跳 2 号主变压器 35kV 断路器，但断路器没有动作。随后 2 号主变压器 110kV 侧过流保护动作，2 号主变压器各侧断路器跳闸，是此次事故扩大的重要原因。

（3）35kV 二段母线失电后，35kV 分段自动投入，一段母线通过分段断路器向二段母线提供电源，由于二段母线故障未消除，35kV 分段投入后加速动作，断开 35kV 分段断路器，投入不成功。

四、吸取的教训

（1）35kV 电抗器断路器是用于调节无功功率的，操作相对较为频繁，因此对断路器动作的经常性有比较高的要求，即断路器的频繁动作要可靠。

（2）鉴于电抗器的断路器的特殊要求，应加大该断路器的巡视检查，缩短检修周期，严禁设备带病工作。

（3）母差保护动作，表明母线出现故障，此时应闭锁分段自动投入装置，防止事故扩大。

五、整改措施

（1）对于经常动作的电抗器，为保证频繁动作可靠性，可增设高压接触器作为正常情况下电抗器投、切的开、闭装置，断路器负责切断短路故障。

（2）针对电抗器频繁投、切的现状，落实设备定期巡视过程中重点监控措施。

（3）分段自动投入装置加装控制压板或修改逻辑，确认母差保护动作后自动投入装置是否应动作。

六、思考题和提示

（1）什么是短路？

提示：电力系统中相与相之间或相与地之间（对中性点直接接地而言）通过金属导体、电弧或其他较小电阻连接而形成非正常状态称为短路。电力系统在运行中，相与相，相与地（或中性线）之间发生短路时流过的电流，其值远远大于额定电流，并决定于短路点距电源的电气距离。

（2）高压接触器是什么设备？

提示：高压接触器与 380V 低压系统控制电动机的接触器原理相同，即可以频繁动作；缺点也与低压接触器相同，即只能投、切正常情况下的设备负荷电流。发生故障时由断路器切除短路电流。

（3）目前使用的高压接触器电压是多少？

提示：国内大型钢铁企业普遍使用 35kV 的高压接触器控制电炉的生产。

（4）为什么在三绕组变压器三侧都要安装过流保护装置？它们的保护范围是什么？

提示：当变压器任意一侧的母线发生短路故障时，过流保护动作。因为三侧都装有过流保护，能使其有选择地切除故障，而无需将变压器停运。各侧的过流保护可以作为本侧母线、线路的后备保护，主电源侧的过流保护可以作为其他两侧和变压器的后备保护。

案例六 钢渣车引发220kV线路接地短路事故

一、理论

电力系统正常运行时，各相之间是绝缘的。电力系统中相与相之间或相与地之间通过金属导体、电弧或其他较小阻抗连接而形成的非正常状态称为短路。

二、事故经过

某地大型钢铁企业需要从电力系统获取电源，于是电力部门采取架空线方式向该企业提供220kV电源。220kV架空线进入钢铁企业后下方有条公路，每天有运送钢渣的专用卡车来往。冬天某日，气温降到0℃左右，下着中雨，一辆装满热钢渣的专用卡车缓缓驶近220kV架空线。由于热钢渣被雨一淋，蒸汽夹杂着金属粉末形成一条蒸汽带飘向天空，当卡车驶到220kV架空线下时，高压电沿蒸汽带向卡车放电，形成单相短路（如图2-10所示），造成卡车轮胎被高压电打爆，220kV线路跳电，所幸驾驶员并无大碍。

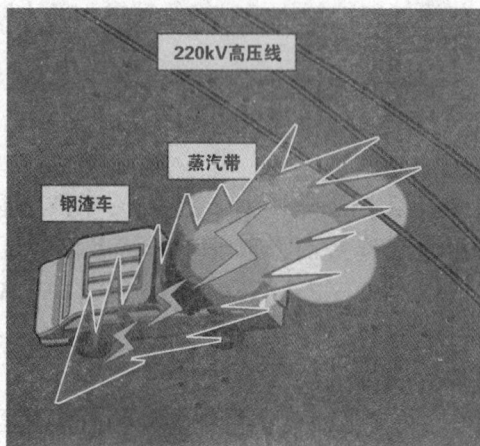

图2-10 高压线对钢渣车放电示意图

三、原因分析

（1）装热钢渣的卡车被雨淋后形成蒸汽，由于钢渣中夹带金属粉末，飘向空中的蒸汽带是导电的，当导电的金属蒸汽带与高压电相遇，形成导电通道放电，是此次事故发生的直接原因。

（2）天气较冷，又下着中雨。当装热物体的车辆遇到低温、中雨，很容易产生蒸汽带，是此次事故发生的主要原因。

（3）装热钢渣的专用车辆本身就是全金属结构，也是导电体，加上行使缓慢，使导电的金属蒸汽没有散发，从而形成金属带向天空延伸，是此次事故发生的重要原因。

四、吸取的教训

（1）雨天，装载热物体的车辆临近高压架空线，要观察是否出现导电蒸汽带。

（2）雨天，装载热物体的车辆必须运行时，临近高压线，应适当提高车速，使蒸汽散发，不能形成蒸汽带。

（3）雨天，装载热物体的车辆应尽可能改变行驶路线，绕道避开高压线路（如图 2-11 所示）。

图 2-11　行驶时避开高压线路

五、整改措施

（1）临时在 220kV 架空线路段施工，使部分路段向地下延伸，形成"路槽"，变相抬高 220kV 高压线对地距离。

（2）电力部门与钢铁企业协商，改变 220kV 架空线供电方式，在可能出现上述环境的交通路段采取电缆供电方式，消除事故根源。

六、思考题和提示

（1）110kV 及以上的高压线路对地面的安全距离是多少？

提示：《110～500kV 架空送电线路设计技术规程》（DL/T 5092—1999）中规定：

电压等级（kV）	110	220	330	500
安全距离（m）	7	8	9	14

注：上述安全距离指电力导线至路面最小垂直于地面的距离。

（2）本案例中220kV对钢渣车放电，为什么驾驶员没有受到伤害？

提示：可以从等电位去考虑，驾驶员坐在钢铁制造的钢渣车内，钢渣车轮胎被高压电击穿后，整个钢渣车处于接地状态，整个钢渣车是地电位。

（3）假设钢渣车被高压电击穿轮胎接地后没跳电，驾驶员离开驾驶室会发生什么？

提示：高压电接地后会形成跨步电压，驾驶员出驾驶室会受跨步电压伤害。

（4）高压电接地后，离接地点多少距离不得靠近？

提示：《电力安全规程　发电厂和变电站电气部分》（GB 26860—2011）规定：高压接地点室内4m、室外8m以内不得靠近。

案例七　两条交流线路不能轻易连接

一、理论

电网中的待并系统和运行系统并列必须满足以下三个条件：两侧电压应相等（电压允许误差应通过计算获得）；两侧频率应相等；两侧电压的相角（相位）差等于零。

二、事故经过

××变电站站用变压器运行方式如图 2-12 所示。1 号站用变压器通过 312 高压断路器接在 35kV 一段母线上，2 号站用变压器通过 322 高压断路器接在 35kV 二段母线上。35kV 一段母线接 1 号主变压器，35kV 二段母线接 2 号主变压器，1 号主变压器高压侧来自本地区电厂，2 号主变压器高压侧则通过超高压输电线路由区外供电。

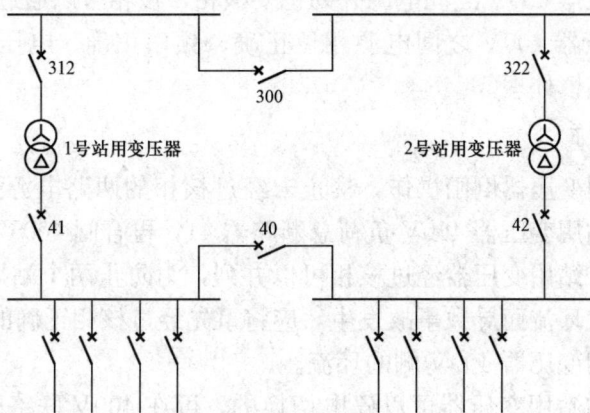

图 2-12　站用变压器接线示意图

某日，由于 1 号站用变压器需要检修，1 号站用变压器负荷必须转移到 2 号站用变压器上。具体工作由站内值班人员赖某和韩某两人操作，为了不使 1 号站用变压器负荷失电，两人便直接合上了 400V 联络断路器 40，只听"嘭"地一声巨响，两电源非同期合闸。

随即，1 号站用变压器 400V 负荷总断路器 41 和 2 号站用变压器 35kV 断路器 322 跳闸，380V 负荷全部被甩掉，400V 联络断路器 40 被烧坏。

三、原因分析

（1）两路交流电源并列需要满足电压幅值、频率、相位必须相同的条件。因此，并列前必须进行核相，或通过同期检测装置判定，否则就容易存在电位差，产生电流（弧）。值班人员赖某和韩某没有使用仪表检测 1 号站用变压器与 2 号站用变压器 400V 侧电源是否满足并列的条件就盲目并列，是此次事故发生的直接原因。

（2）变电站来自不同系统的高压电源在投入运行前应进行核相，为今后运行中不同系统高压电源并列创造条件。核相后为防止低压侧的电源并列产生大环流，通常先将高压侧电源并列。在 35kV 分段断路器 300 尚未合闸的情况下直接合上 400V 联络断路器 40 是此次事故发生的重要原因。

（3）站用变压器 400V 负荷总断路器 42 拒动是此次事故跳闸范围扩大的次要原因。一般情况下，400V 联络断路器 40 短路故障，应使 2 号站用变压器 400V 负荷总断路器 42 跳闸，由于 2 号站用变压器 400V 负荷总断路器 42 拒动，故造成 2 号站用变压器 35kV 侧过流保护动作，2 号站用变压器 35kV 断路器 322 越级跳闸。

四、吸取的教训

（1）变电站投入运行前，来自系统不同方向的电源必须进行核相。

（2）站用变压器 400V 之间电源并列也要核相，核相可以通过万用表进行。

（3）站用变压器 400V 之间电源相位正确、频率正确、电压存在较大电位差时，并列一定要谨慎处理。

五、整改措施

（1）规范站用变压器倒闸操作，禁止未经过核相的两路电源进行并列。否则，必须先拉开 1 号站用变压器 400V 负荷总断路器 41，再合闸 400V 联络断路器 40。

（2）如果两个站用变压器经过核相可以并列，为防止两个站用变压器 400V 侧因电位差产生较大环流而导致事故发生，应将事先经过核相正确的高压侧电源进行并列，以减少站用变压器 400V 侧的环流。

（3）变电站的站用变压器可以停电切换的，可在 400V 联络断路器 40 和两个站用变压器 41 断路器与 42 断路器之间安装闭锁，即 3 个断路器不能同时处于合闸状态，从技术上防止此类事故再次发生。

六、思考题和提示

（1）两路高压电源怎样核相？

提示：一般 10kV 的高压电源可以通过高压核相器进行直接核相。如果高压电源电压等级高，可以通过电压互感器二次侧间接核相，前提是电压互感器的接线必须正确。

（2）交流电同期并列的条件是什么？

提示：电压相同、频率相同、相位相同。

（3）本案例中站用变压器电源为什么是 400V？

提示：电力变压器（含站用变压器）供我们直接使用的低压侧额定电压是 400V，不是 380V。而三相负载的额定电压为 380V，这是考虑变压器带负载多时变压器内部产生电压降的缘故。

（4）本案例中提到的环流是怎么回事？

提示：两台变压器负载侧进行并列，如相位正确、频率正确，但电压不相同。这样并列时输出电压高的变压器与输出电压低的变压器之间产生电位差，有电位差就会在两变压器之间产生电流，这个电流在两变压器之间流动，简称"环流"。

第三集

电力变压器

110kV 变压器套管引出电缆安装不良引起内部过热故障

一、理论

绝缘套管绝缘部分分为外绝缘和内绝缘。外绝缘为瓷套，内绝缘为变压器油、附加绝缘和电容性绝缘。应结合变压器运行维护工作，定期或不定期取油样作气相色谱分析，以预测变压器的潜伏性故障，防止变压器发生事故。运行中设备内部油中气体含量超过表 3-1 中所列数值时，应引起注意。

表 3-1	变压器、电抗器和套管油中溶解气体含量	单位：μL/L	
设　备	气体成分	含　　量	
		220kV 及以上	110kV 及以下
变压器 和电抗器	总　烃	150	150
	乙　炔	1	5
	氢	150	150
	一氧化碳	明显增加	明显增加
	二氧化碳	明显增加	明显增加
套　管	甲　烷	100	100
	乙　炔	1	2
	氢	500	500

二、事故经过

××变电站运行着两台 40000/110 主变压器（SFZ8）。某年 6 月，按期进行油试验，2 号主变压器在色谱分析时发现异常，总烃含量大幅攀升（总烃含量 323.1、甲烷 9701、一氧化碳 722.2、二氧化碳 6468.6）。当时，公司采取了脱气处理的措施，经过脱气处理后，含量下降（总烃 11.1、甲烷 3.2、一氧化碳 55.8、二氧化碳 333.4）。运行 9 天后，含量又快速增长（总烃 52.6、甲烷 15.3、一氧化碳 127.5、二氧化碳 1458.9），又过 9 天后，含量继续快速增长（总烃 130.3、甲烷 38.3、一氧化碳 162.8、二氧化碳 2380.5），至 7 月 30 日，含量仍然继续快速增长（总烃 431.8、甲烷 212.8、一氧化碳 199.5、二氧化碳 2896.7）。一天后，含量值为：总烃 647.1、甲烷 196.8、一氧化碳 235.6、二氧化碳 2916.9。说明变压器内部确实存在故障，由于当时正直夏季高温，为了防止变压器的故障发展成为变压器事故，公司做出了临时更换容量为 31500/110 主变压器的决定。

更换需要从其他地方运送一台主变压器，而故障变压器先在现场进行附件拆除，再运输至××变压器厂进行检查处理。综合故障情况，提出了现场先拆除

图 3-1　高压穿缆式套管顶部、底部图

110kV 套管 A 相进行检查的方案。图 3-1 为高压穿缆式套管顶部、底部图，拆除后发现套管中心铜管底部口上有明显的变色，出线电缆与铜管位置相吻合处，包在缆线外部的白纱带已有一处碳化（发黑），且多股铜线烧伤（其中烧断 N 根铜线），现场基本判断故障点。于是再拆下 B 相套管，发现问题与 A 相完全相同，拆下 C 相，结果正常，当场建议公司技术部门不返厂修理，包扎后进行脱气处理，待大修时进行引线更换。

三、原因分析

正确的变压器套管缆线安装（如图 3-2 所示），首先应由制造厂在裁制引线时，根据套管的尺寸，正确裁制长度合适的引线，引线过长或过紧都会引起异常，2 号主变压器的故障就是 A、B 相引线过紧引起（如图 3-3 所示）。由于引线过紧，安装时引线靠均压罩处就不可能处于中心位置，而是紧靠套管内侧铜管，而引线锥进入套管均压罩内的引线仅是很薄的白纱带包扎，在安装套管把缆线拉出时引线直接碰及铜管受力，会有损包扎的白纱带。经过一定时间的运行，白纱带磨破，铜引线直接碰及铜管，由于引线上端的导电头和铜管通过将军帽紧密接触，形成了分支回路。

根据电流分布图（如图 3-4 所示），出现了集肤效应引起分流的情况。由于铜管是复合结构导体的外表层，在集肤效应的作用下，较大一部分负荷电流会经由铜管 1、2 流出，其电流大小与磁场强度有关，即与负荷电流有关，但是由于引线与铜管的接触是非紧密可靠接触，导致在较大负荷分流作用下引线烧伤，附近白纱带碳化，绝缘油大量分解，使总烃值增大超标，再加上引线的震动，接触不良，可能会产生电弧，造成引线烧断。

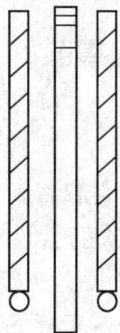

图 3-2 正确的电缆安装图

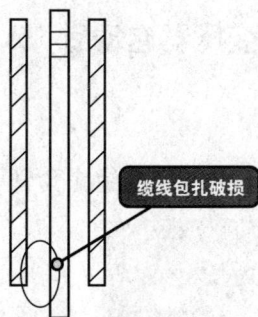

图 3-3 故障点处电缆安装图

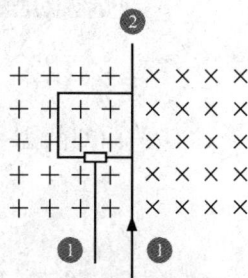

图 3-4 电流分布简化等效电路

四、吸取的教训

变压器套管引出缆线在安装时，不能用蛮力硬拉。

五、整改措施

(1) 在安装套管前先要把缆线理顺，防止缠绕。

(2) 在套管下落时随势把缆线慢慢拉出。

(3) 如果确是缆线过短，要求厂方更换后再进行安装，避免运行引起故障。

六、思考题和提示

(1) 110kV 穿缆式套管安装时要注意什么？

提示：吊装前检查充油套管的油位应正常、无渗油、瓷体无损伤；套管电气试验要合格；套管的穿缆导电管内要清洁，底部均压罩要拆下清理内壁；在安装套管前先要把缆线理顺，防止缠绕，引线在套管下放时要缓慢地拉出，不得用蛮力硬拉；套管油标向下，法兰上的放气孔应在法兰的最高位置。

(2) 什么是集（趋）肤效应？

提示：集肤效应又叫趋肤效应，当交变电流通过导体时，电流将集中在导体表面流过，这种现象称为集肤效应。

(3) 新投运的 220kV 变压器合格油的标准是什么？

提示：水分含量（mg/L）≤15；击穿电压≥40kV；油中含气量（体积比）（%）≤1；油中溶解气体色谱分析：总烃<20、H_2<10、C_2H_2=0。

(4) 大型变压器为什么要真空注油？

提示：为了能够有效地驱逐变压器油中的气泡，提高变压器的绝缘水平，特别是在纠集式线圈匝间电位差较大的情况下，防止存在气泡引起匝间击穿事故，规程规定：注油前，220kV 及以上的变压器、电抗器必须进行真空处理，要真空注油。

案例二　变压器启动时 35kV 套管发生放电事故

一、理论

变压器内部的高、低压引线是经绝缘套管引到油箱外部的，它起着固定引线和对地绝缘的作用。夹瓷式套管没有任何胶合剂，避免了渗油的弊病。夹瓷式 35kV 套管（如图 3-5 所示），在套管下部一个瓷伞到固定台之间喷涂金属，以降低电场强度，防止放电。

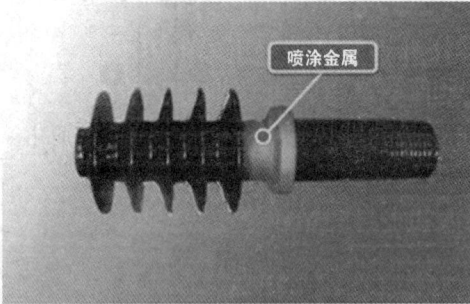

图 3-5　夹瓷式 35kV 套管

二、事故经过

某年 8 月，某地 110kV 变电站的 1 号主变压器做零起升压，当电压到额定电压时，夹瓷式 35kV 套管根部有"吱吱"的放电声，经观察，在夹瓷式 35kV 套管 A 相的根部有对压钉放电的蓝色火花（如图 3-6所示）。停止启动，对套管清揩检查，确认没有污染物后再次启动，但还是有放电现象。再次停止启动，对套管根部和压钉间用摇表遥测绝缘电阻，A 相为 10MΩ，B、C 相为 0。于是对 A 相套管根部用裸铜丝排列绕线一排后和压钉连接起来（如图 3-7 所示）。处理后再次启动，放电现象消失。

图 3-6　夹瓷式 35kV 套管放电示意图

图 3-7　现场处理方法

三、原因分析

夹瓷式套管制造工艺有问题，最下部一个瓷伞到固定台之间未按要求喷涂金属，产生悬浮电位而引起对压钉放电。

安装人员由于对夹瓷式套管这门工艺不够了解，未去现场进行检查。事实上，是否涂了金属，用绝缘电阻表即可测查。

四、吸取的教训

夹瓷式套管在根部应喷涂金属，在生产中有漏做此工艺的可能，在安装时用绝缘电阻表检查能发现问题，就可以在安装时把问题消除，不会影响启动。

五、整改措施

（1）加强对施工人员的理论知识培训，切实提高安装人员的技术能力。

（2）在安装前对金属涂层用绝缘电阻表检查，作为施工工艺编入作业指导书中，从制度上来确保。

（3）作为应急，当时采用套管根部用裸铜丝排列绕线一排后和压钉连接的方法来替代金属涂层。

六、思考题和提示

（1）35kV夹瓷式套管根部最下部一个瓷伞和平台间为什么要涂金属？

提示：为了降低悬浮电位，防止对压钉放电。

（2）小型变压器注油后为什么要在高低压套管等部位放气？

提示：小型变压器不是真空注油的，注油时会有空气裹在油里，会聚集到高处，因此要在各部件的高处放气阀（孔）处多次放气，到油溢出关闭。

（3）磁质高压套管安装前要做哪些试验？

提示：摇绝缘、打耐压试验。

（4）变压器气体继电器安装有什么要求？

提示：安装前要送有关方校验合格，有校验报告；安装时箭头方向指向储油柜。

案例三　变压器 110kV 套管电容屏蔽抽头未接地引起放电

一、理论

绝缘套管绝缘部分分为外绝缘和内绝缘。外绝缘为瓷套，内绝缘为变压器油、附加绝缘和电容性绝缘。

高压电力设备中某一金属部件，由于结构上的原因，经运输过程和运行造成断裂，失去接地，处于高压与低压之间，按其阻抗形成分压。而在这一金属上产生一对地电位，称为悬浮电位。悬浮电位由于电压高，场强较集中，一般会使周围固体介质烧坏或炭化，也会使绝缘油在悬浮电位作用下分解出大量特征气体，从而使绝缘油色谱分析结果超标。变压器高压套管末屏（如图 3-8 所示）失去接地会形成悬浮电位放电。

图 3-8　高压电容式套管末屏

二、事故经过

某年 3 月，××变电站启动时，2 号主变压器 110kV B 相套管法兰处有"吱吱"的放电声，调度发令停电检查，在完成相关措施后，施工人员登上主变压器检查，发现 110kV B 相套管电容末屏抽头未接地，使高压套管末屏对地形成悬浮电位放电。把此接地连接好后，2 号主变压器再送电，放电声消失。

三、原因分析

（1）由于变压器在做套管电气试验时要断开末屏接地，试验结束电试人员忘了装复此接地，是此次故障发生的主要原因。

（2）末屏抽头有金属保护罩，平时盖住末屏抽头，接地也设计在保护罩内，如不打开就无法知道是否接好，使工作人员无法发现此接地未接。

四、吸取的教训

高压套管末屏蔽未接地会引起放电，时间长了会危及变压器运行的安全，此又是隐蔽项目不易被察觉，除增强职工的责任心外还要用制度管理来保证不再发生类似问题。

五、整改措施

（1）加强职工的技术能力和责任心教育，使大家了解末屏未接地的危害，做到试验结束后立即恢复好接地状态。

（2）建立投运前检查制度，对安装的变压器，有末屏的套管，在安装工作和调试工作全部完成后，安装班的班长要将所有套管的末屏接地点都打开检查，并做好记录。此项工作要列入变压器安装工艺卡中。

六、思考题和提示

（1）变压器套管末屏不接地有什么危害？

提示：变压器高压套管的末屏抽头不接地，使高压套管末屏对地形成悬浮电位放电，长时间的持续放电会危及变压器运行的安全。

（2）变压器投运前为什么要专门检查套管末屏接地情况？

提示：因为变压器做电气试验要把套管的末屏接地解开，而套管末屏接地有专门的罩壳盖住，如试验结束没把接地恢复，就很难被发现，因此投运前要专门旋开罩盖检查，免得投运时发生放电。

（3）变压器电容式套管的结构是什么？

提示：变压器电容式套管的结构是：中间空芯铜导管与法兰之间的绝缘采用在导电杆上交叠地裹上绝缘纸（胶纸）和金属薄片所做成的圆筒，导电杆向外形成许多串联的电容器，其作用是改变从高压导电杆到法兰之间的静电场分布，降低电场强度以提高绝缘的击穿强度，电容屏的多少根据电压等级来确定，60kV 到 500kV 屏数可由 10 个到 90 个。220kV 以上套管是用油纸电容式套管，内部充有变压器油，又称为充油套管。油纸电容式套管内注满绝缘油，为保证绝缘油随温度变化，顶部装有储油柜。为增加表面放电距离，高压绝缘套管外部做成多极伞形，电压越高，级数越多。

（4）变压器充油套管投运前要做哪些试验？

提示：绝缘电阻、介质损、耐压、电容量和套管油样试验。

案例四 变压器倒送电险肇触电事故

一、理论

电气设备状态由运行变为检修时，应首先断开停电设备侧的断路器、隔离开关的控制电源和合闸能源，闭锁隔离开关的操作机构。所有可能突然来电的设备都应断开，防止突然来电。

二、事故经过

某矿山一个小型无人值班的变电站 1 号电力变压器（10/0.4kV，容量1250kVA）进行年度预防性试验。总站运行人员张某等人来到该站按操作票的内容将该变压器停役，并在变压器 10kV 侧安装了接地线，随后与电气试验人员确认，双方在工作票上签字，开始工作。该变电站一次接线图如图 3-9 所示。

电气试验人员秦某登上电力变压器，拆下安装的接地线及变压器 10kV 套管上电缆，然后开始对变压器进行直流电阻、绝缘测试等工作。2h 后工作结束，秦某开始用扳手恢复变压器套管 10kV 电缆，突然感到有电（如图 3-10 所示），执扳手的右手痉挛不能脱离。情急中秦某抬脚蹬开扳手，人从变压器上摔到地面。随即，秦某被紧急送往医院，经检查仅身上部分擦伤，没有其他问题。

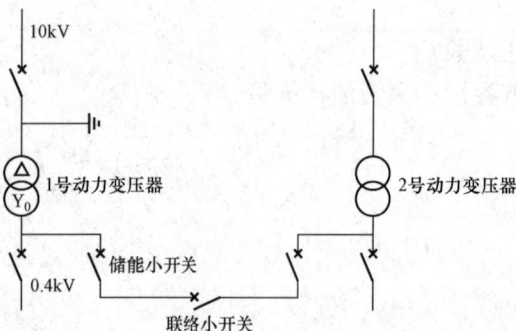

图 3-9 事故前的接线图

图 3-10 试验人员触电现场示意图

三、原因分析

（1）工作票签发人忽略了该变电站电力变压器存在储能电源的因素，按正常停电模式填写 1 号电力变压器电气试验需要停电的范围，并据此签发了工作票。

（2）运行人员张某等人对该无人值班的变电站不熟悉，又未核对图纸，单凭运行经验，就根据操作票的内容执行了停电，并落实了挂接地线等安全措施。

(3) 试验人员在与运行人员检查停电设备时，忽略了安装在 1 号电力变压器 400V 断路器处 1 号储能电源小断路器、联络小断路器的实际位置和作用。

(4) 由于运行人员张某在试验前挂接地线时，1 号电力变压器储能电源小断路器因变压器 10kV 侧短路跳电。但 2 小时后张某发现原来合闸位置的 1 号电力变压器储能小断路器已分闸，于是在没有查明原因的情况下就送小断路器。于是 380V 电源从 2 号电力变压器低压侧通过自身储能电源小断路器——联络小断路器——1 号电力变压器储能小断路器形成回路，倒送 1 号电力变压器 10kV 侧，造成试验人员秦某遭电击。

四、吸取的教训

(1) 工作票签发人要熟悉变电站的整个电气设备情况，特别是一些不太引人注意的低压电源，应在设备的一次图上注明这些电源与高压设备之间的关联。

(2) 运行操作人员到无人值班变电站执行操作任务时，应核对当站图纸，确认相关回路是否存在电源关系。

(3) 对于不明原因已处于分闸状态的小断路器、控制电源不要随意改变原来状态，要查明原因、核对图纸、向值班负责人请示后再处理。

五、整改措施

(1) 将无人值班变电站电力变压器的储能电源小断路器、储能联络电源小断路器纳入标准操作票范围之内。

(2) 教育运行人员不要随意操作没有经过操作票内容的任何设备，一切操作任务应通过操作票实现。

(3) 完善安全技术措施，不仅变压器电源侧挂接地线，非电源侧也挂接地线，防止意外情况发生。

六、思考题和提示

(1) 电力变压器 400V 侧为什么要安装储能电源？

提示：为保证检修后的变压器 400V 侧断路器有合闸电源，所以电源要取自变压器 400V 侧，并且与其他变压器储能电源互相联络。

(2) 电力变压 400V 侧的储能电源有什么用途？

提示：电力变压器 400V 侧采用手车式断路器，该断路器合闸能量是通过电动机给合闸弹簧储能实现的，电动机需要电源。

(3) 秦某在电力变压器上作业，为什么没有挂安全带？

提示：电力规程规定高处作业要使用安全带，高处的定义是 2m，1 号电力变压器容量小、高度低，所以秦某没有使用安全带。

案例五 变压器套管下方渗油

一、理论

应经常检查充油设备的密封性，储油柜、呼吸器（吸湿器）的工作性能，以及油色、油量是否正常。还要检查储油柜和充油绝缘套管内油面的高度和封闭处有无渗漏油现象、正常时上层油温应在85℃以下，强迫油循环水冷的变压器为75℃以下。检查绝缘套管是否清洁、有无破损裂缝和放电烧伤痕迹。

二、事故经过

某日，运行人员对变配电站进行日常巡视工作时，发现油浸式变压器下方有滴油现象，马上向值班长汇报。值班长带领维修人员赶往变压器室，由于单位正忙于生产，不能停电检查，只能在1m之外进行查看，找不到滴油原因，值班长拿来望远镜细查，发现变压器高压（10kV）第一相绝缘子套管有裂痕（如图3-11所示），并伴有渗油现象（如图3-12所示）。

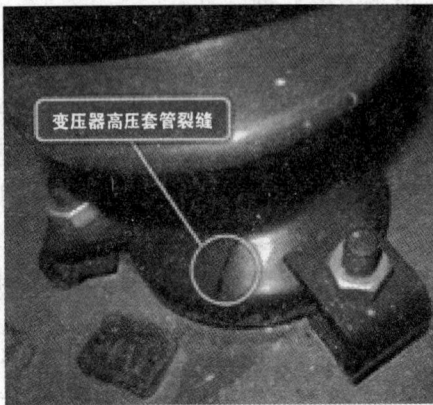

图3-11 变压器高压套管有裂缝

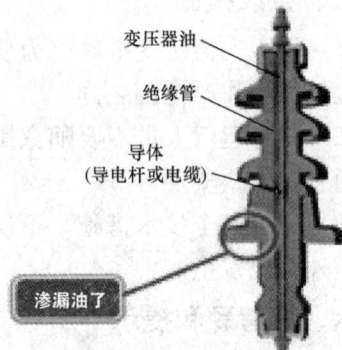

图3-12 变压器渗漏油

三、原因分析

（1）变压器的绝缘套管，将变压器内部的高低压绕组的出线头引到油箱外部，起到对地绝缘的作用，也使引线与外电路起连接的作用。一般情况下，没有外来撞击不可能有裂缝。

（2）将变压器退出运行，做进一步细致研究和分析，观察结果发现铜排与套管连接拉得很紧。

（3）拆下连接铜排的固定螺母，发现铜排与套管连接螺丝的平面有间隙，由于天气寒冷环境温度较低，铜排等其他物体会热胀冷缩，而连接铜排没有安装软连接，造成套管拉损（如图3-13所示）。

四、吸取的教训

（1）安装工艺在设计时应重视环境温度变化造成的热胀冷缩。

（2）套管在运输、安装、与铜排连接时应注意安全操作，避免造成事故隐患。

五、整改措施

（1）在起吊、卧放、运输过程中，套管起吊速度应缓慢，避免碰撞其他物体。

（2）套管在箱中应固定，以免运输中窜动造成损伤。

（3）在变压器套管装配中应特别注意防止受潮。

（4）装配场所要保持清洁干燥。

图 3-13 连接铜排没有安装软连接，造成套管拉损

六、思考题和提示

（1）变压器的温升什么时候称为稳定温升？

提示：变压器正常运行时，其绕组和铁芯产生的损耗将转变成热量，一部分被变压器各部件吸收使之温度升高，另一部分则散发到周围介质中，变压器所测量部位的温度与周围环境温度之差称为变压器的温升。当散发的热量与产生的热量相等时，变压器各部件的温度达到稳定，不再上升，此时变压器的温升称为稳定温升。

（2）油浸式变压器上的高、低压绝缘套管起到什么作用？

提示：变压器内部的高压、低压引线是经绝缘套管引到油箱外部的，它起着固定引线和对地绝缘的作用。套管由带电部分和绝缘部分组成。带电部分可以是导电杆、导电管、电缆和铜排。绝缘部分分为外绝缘和内绝缘。外绝缘为瓷管，内绝缘为变压器油、附加绝缘和电容性绝缘。

（3）哪些因素会造成绝缘套管闪络和爆炸？

提示：套管密封不严进水使绝缘受潮损坏；套管的电容芯子制造不良，使内部游离放电；套管积垢严重或套管上有大的裂纹和碎片。

案例六　变压器未设接地保护险酿火灾事故

一、理论

保护接零是指低压配电系统中将电气设备外露的可导电部分与供电变压器的零线直接连接。假如电气设备发生漏电或带电部分碰到外壳，就构成单相短路，使碰壳电源自动切断。

二、事故经过

某企业机械加工车间安装数台行车，行车电源为 380V 滑线。滑线电源取自 10/0.4kV、容量 1600kVA 的油浸式变压器。

图 3-14　变压器故障现场

某日，正在运行中的行车发生单相滑线接地，随后变压器高压断路器发生跳电，信号显示变压器压力保护装置动作。检查变压器的压力保护装置发现并没有动作。检看变压器，发现从变压器压力保护装置引向高压保护盘的控制电缆部分已经烧焦，再经过对该控制线绝缘测量，控制线已经形成短路，查看变压器 400V 侧中性点套管引出作为接地线的扁铁明显有过热、烧红痕迹（如图 3-14 所示）。

三、原因分析

（1）变压器压力保护电缆没有套波纹管被热扁铁烧成短路，形同变压器压力保护装置动作，是此次故障发生的直接原因。

（2）变压器 400V 接地与行车接地采取总等电位连接，接地回路电阻很小。一旦发生单相接地，接地电流相当大，是此次故障发生的主要原因。

（3）变压器 400V 侧没有设置零序（接地）保护，当行车滑线单相接地发生，单相滑线接地形成较大电流流经变压器接地扁铁，烧红扁铁是此次故障发生的重要原因。

四、吸取的教训

（1）如图 3-15 所示，1600kVA 行车变压器的 400V 侧中性点引出后没有设置保护装置接地，当变压器 400V 侧发生单相接地时，电流流过接地线，变压器不会跳电。

（2）变压器 400V 相线为铜质，截面 2000mm²，接地扁铁截面 100mm²，不符合《低压配电设计规范》PE 线截面 S/2 的规定（S＝相线截面）。造成接地电流流过接地扁铁发热，烧坏压力保护电缆。

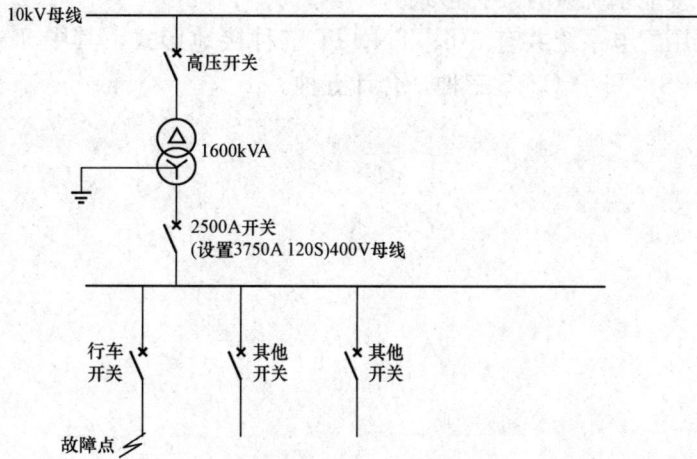

图 3-15　变压器行车配电图

五、整改措施

（1）在电力变压器低压侧中性点引出线上新装设零序电流保护（如图3-16所示）。

（2）更换变压器低压侧中性点接地扁铁（≥1000mm²）。

（3）更换烧坏的变压器压力保护装置电缆，并套保护管。

六、思考题和提示

（1）原变压器 400V 中性点接地扁铁截面 100mm²，长度 2m，假设接地电流 1000A，计算流过扁铁的功率。铁的电阻率 $\rho=0.0978\Omega$ （$\Omega \cdot mm^2/m$）。

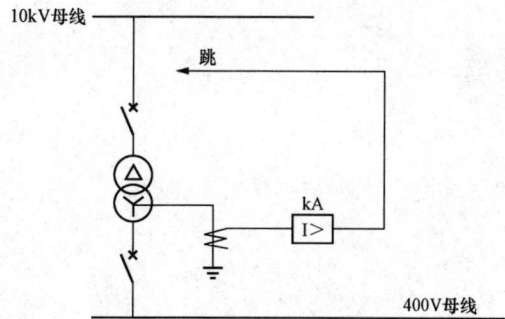

图 3-16　新设接地保护

提示：根据电阻率公式：$\rho=0.0978\Omega$，则 $0.0978\times2/100=0.00196\Omega$。接地电流 1000A，根据功率计算公式 $P=I^2R$，则 $0.00196\Omega\times1000A^2=1.96kW$。

（2）油浸变压器的测温元件为什么安装在变压器顶部？

提示：可从冷热气流（水流）运动思考，即热流向上，冷流向下。

（3）保护接地与保护接零的区别在哪里？

提示：保护接地就是将电气设备外露导电部分通过接地装置与大地相连接，保护接零就是将电气设备外露可导电部分与供电变压器的零线直接相连接。

（4）低压接地系统共有几种形式？

提示：低压配电系统共有 TT、TN、IT 三种接地形式，其中 TN 系统又分为 TN－C、TN－S、TN－C－S 三种，合计五种。

案例七 变压器储油柜胶囊连接阀错位使变压器油含气量异常

一、理论

储油柜的作用就是保证油箱内总是充满油，并减小油面与空气的接触面，从而减缓油的老化。

变压器储油柜胶囊袋的连接阀用于变压器抽全真空时防止胶囊袋破损，让胶囊袋与变压器本体保持等压。通过阀门和连接管把胶囊袋与本体相连，在抽真空时打开该阀门，而在注油完毕后关闭该阀门，并通过对胶囊袋充气的方式来压迫储油柜本体的液面，压出残余气体，使胶囊袋隔离变压器油与空气接触并能呼吸。

储油柜连通阀正视图、侧视图如图 3-17 所示。

二、事故经过

某年 6 月，某公司运行试验人员在预防性试验中，发现××变电站 4 号主变压器 C 相的绝缘油含气量严重超标，测试值几乎达到了该温度下的饱和含气量，油中水分的含量也严重超标。汇报有关部门后随即停运了该台主变压器，并通知了施工单位及制造厂进行现场检查。

经施工人员及厂家检查后，认为是储油柜中部的油位观察窗密封不良。经过讨论，决定拆除观察窗（包括 A、B 相变压器储油柜），用密封塞堵掉，防止以后再次发生相同的问题。在更换完成后，对每台变压器进行热油循环，去除油中的气体和水分。最后对变压器进行压气和密封试验。在对 C 相进行压气过程中，发现气体一直无法排尽。经检查，外部及充气装置都没有问题，初步判断为胶囊袋破裂，导致气体从胶囊袋进入后，从破损处流入储油柜内部，再通过储油柜排气塞排出如图 3-17 所示。

第二天，厂家技术人员进行进一步检查，打开胶囊袋在储油柜顶部的连接封板后，发现 C 相主变压器储油柜上连接管与 A、B 相的结构不一样，确认连接管上的阀门错装在了胶囊袋侧，致使运行中变压器本体绝缘油始终与呼吸器相通，即变压器本体的呼吸并未通过胶囊袋隔绝，而是直接使本体与呼吸器连通，使本体内的绝缘油和空气直接接触。主变压器投运半年油的质量迅速下降，对正常运行造成了威胁。

如图 3-18 所示，管 1 与管 2 之间为 U 形管，阀门应安装在连接变压器本体油箱的管 2 侧，该 U 形管与连接呼吸器的管道连接在一个三通上，变压器运行时，关闭管 2 上的阀门，使油箱本体与空气隔绝；而胶囊袋则通过管 1 与呼吸器相连，使变压器达到正常呼吸的作用。××变电站 4 号主变压器，由于制造厂错把应该安装在管 2 上的阀门装在了管 1 上（如图 3-19 所示），致使该变压器运行中本体油箱始终与呼吸器相连，也就等于使变压器本体敞开运行，导致了变压器本体

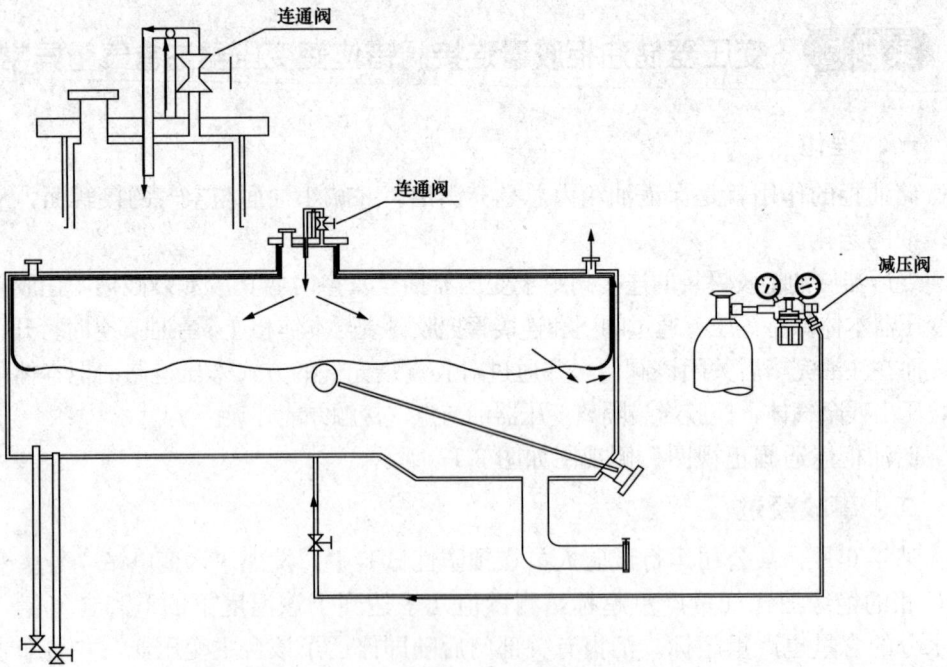

图 3-17　胶囊破损漏气示意图

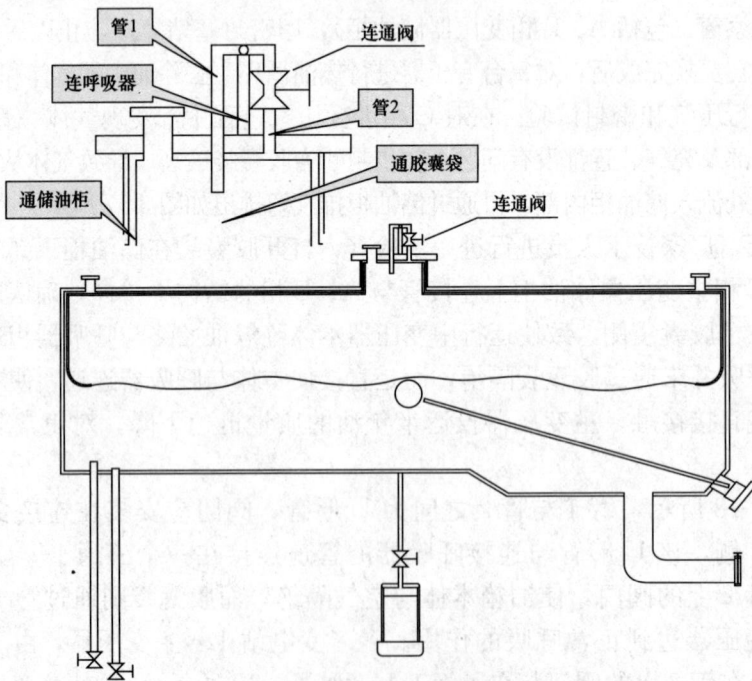

（一）储油柜连通阀正视图

图 3-18　储油柜连通阀正视图和侧视图（一）

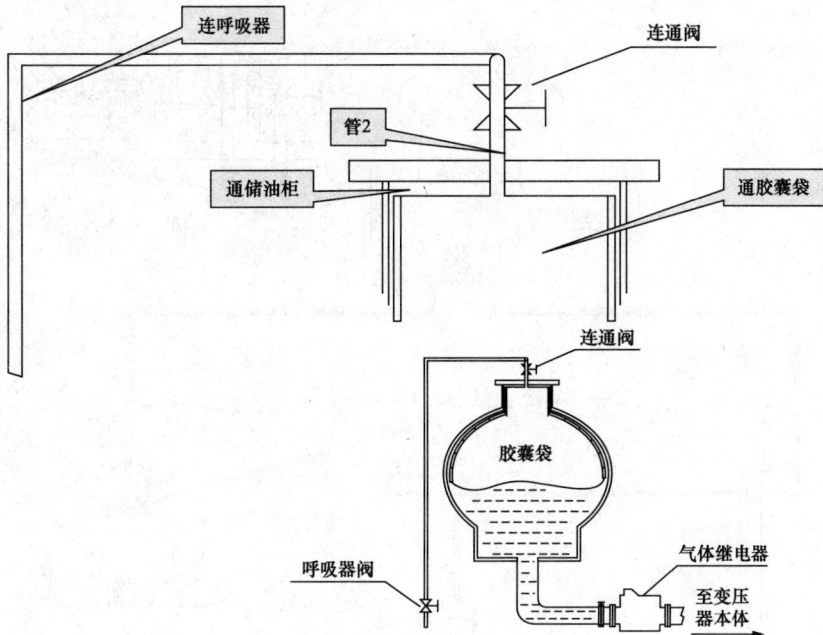

（二）储油柜连通阀侧视图

图 3-18　储油柜连通阀正视图和侧视图（二）

内的绝缘油含气量几乎达到了饱和状态水分含量超标，严重威胁着该变压器的正常运行。运行单位在例行检测中发现了绝缘油含气量、含水量的严重超标现象。

　　经安装人员与制造厂人员的仔细核对，确定阀门装错了位置，在进行现场切割重新安装后，并对变压器进行了热油循环，降低了油中含气、含水量，使该变压器投入了正常运行。

三、原因分析

　　（1）由于制造厂人员的疏忽，把应该安装在管 2 上的阀门错装在管 1 上，导致气体始终在排出（如图 3-20 所示），是此次事故发生的直接原因。

　　（2）安装单位在安装时对变压器附件的验收工作不认真，未发现变压器 C 相连通阀与 A、B 相变压器连通阀的差异，盲目按制造厂的标识进行安装，是此次事故发生的间接原因。

　　（3）在安装过程中，最后有对胶囊袋充气赶储油柜内剩余空气的试验程序，由于工作人员未进行该试验就直接进行加压试验，因此未能发现排气口有气体排出的隐患，这是此次事故发生的主要原因之一。

四、吸取的教训

　　（1）制造厂在产品制造及出厂检验的过程中，应加强管理，增强有关人员的责

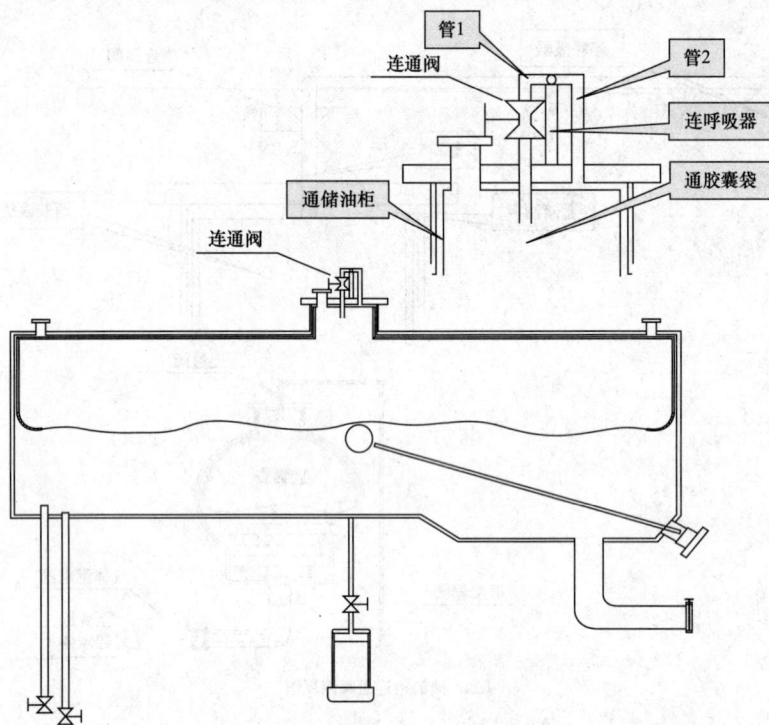

图 3-19 错误的连通阀正视图

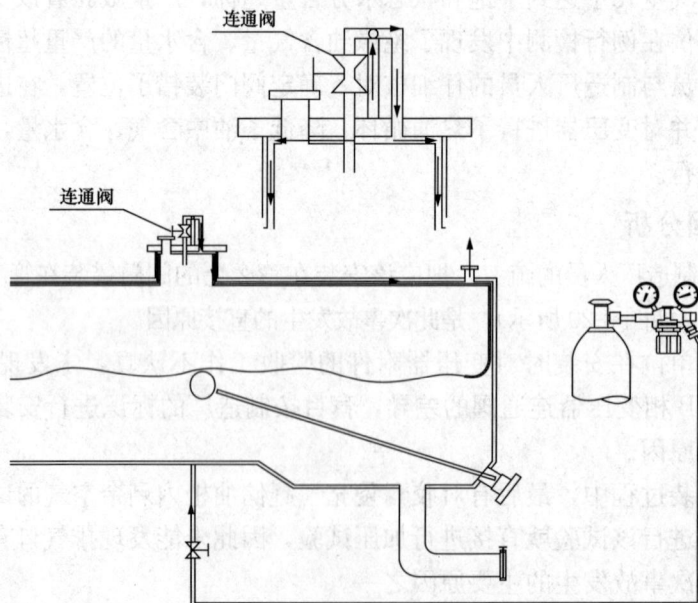

图 3-20 连通阀装错的排气示意图

任心，以制度化、标准化的生产工艺流程来杜绝该类事故的再次发生。

（2）现场安装时对设备的开箱检验过程中，应建立标准的检验程序。安装时不应盲目按照制造厂的标识进行安装，应加强安装人员对所安装设备的理论学习，了解每一个附件在设备运行中的作用，确保安装质量的准确可靠。

（3）安装工艺是保证施工的技术措施，只有完全执行工艺标准，才能发现制造的缺陷和异常，在安装阶段及时发现问题，避免给安全运行带来隐患。

五、整改措施

（1）充分吸取此次事故的教训，加强对施工人员的理论知识培训，切实提高安装人员的技术能力。

（2）现场的开箱检验中，应建立标准的检验流程，确保设备安装准确无误。

（3）加强安装工艺标准的执行制度，对现场随意改变工艺的做法进行规范管理，防止再发生同类事件。

六、思考题和提示

（1）变压器储油柜胶囊袋的作用是什么？

提示：此类型储油柜是在储油柜内加装耐油胶囊袋，以使变压器油与空气隔开，防止油的氧化变质。储油柜上部有人孔用于安装胶囊袋，在人孔的封板上有一个放气塞，用于在加油时排出胶囊中的空气。胶囊通过顶部的呼吸器管道经由呼吸器与空气相通，在变压器油位随温度变化时起到呼吸作用。胶囊与储油柜本体通过管道和阀门相连，用于在抽真空时保持两边压力平衡，起到对变压器所有部件抽真空的作用。

（2）大型变压器为什么要进行真空注油？应当如何操作？

提示：为了能够有效地驱逐变压器油中的气泡，提高变压器的绝缘水平，特别是在纠集式线圈匝间电位差较大的情况下，防止存在气泡引起匝间击穿事故，对大型变压器都要真空注油；抽真空还具有检漏和干燥净化作用。

真空注油操作步骤：

1）按结构图连接好真空泵、真空滤油机和油箱，在变压器上部装好监视的真空表。

2）关闭胶囊袋联通储油柜的连接阀和胶囊袋联通外面呼吸器的阀门。

3）打开连接真空泵的阀门对变压器抽真空。按"规范"规定的真空度和时间要求完成抽真空工作。

4）开启变压器注油阀门，开启滤油机出油阀门，开启滤油机进油阀门，从变压器底部阀门注入变压器油，注油速度控制在维持真空低于 0.13kPa。

5）注油到接近箱盖的位置（距箱顶 20～50mm），关闭通真空泵的阀门（以避免变压器油进入真空泵），拆除顶部真空表。继续注油到所需的油位。

6）关闭储油柜和胶囊袋的连接阀。拆除呼吸器通过储油柜呼吸器管的阀门，用干燥气体对变压器破真空。

（3）变压器抽真空的极限允许值是如何规定的？

提示：220kV 变压器真空度要<100Pa；500kV 变压器真空度要<10Pa。

（4）为什么胶囊式储油柜抽真空时必须把连通阀打开，而真空注油结束时要把此阀关闭？

提示：抽真空时把储油柜和胶囊的连通阀打开，确保胶囊两侧的气室相通。在抽真空时使压力平衡，否则会损坏胶囊袋。真空注油结束关闭此阀后就把变压器油和大气进行了隔离，储油柜的呼吸通过胶囊袋的变化来进行，保证了变压器油在运行时的稳定。

案例八 带电校验计量表不当引起发电机停机

一、理论

电流互感器一次侧带电时，在任何情况下都不允许二次线圈开路，因此在二次回路中不允许装设熔断器或隔离开关。当二次开路时，一次磁势全部用于励磁，铁芯过度饱和，磁通波形为平顶波，而电流互感器二次磁势为尖峰波，因此二次绕组将出现高电压，给人体及设备安全带来危险。

二、事故经过

某电厂安装有国外进口的发电机。一日，热工仪表员发现发电机计量表已经到了检验周期，而发电机停机检修要在半年之后。于是，热工仪表员决定请仪表检验人员到现场直接检验，而不是待发电机停机后拆表送检。仪表检验人员到现场，办理第二种工作票，许可作业。在热工仪表员指导下，仪表检验人员在计量表电流回路前后的电流试验端子上加装了短路线，然后断开计量表的电流试验端子，开始校验计量表。校验过程中检验人员不慎碰落短接电流试验端子的短路线，造成电流互感器开路。处于计量表电流回路后面的发电机监测装置突然失去电流，认为发电机出现故障或甩负荷，立即发出发电机停机的指令。

三、原因分析

（1）如图 3-21 所示，发电机电流检测回路突然断线，造成监测装置误判发电机出现故障或甩负荷，是此次事故发生的直接原因。

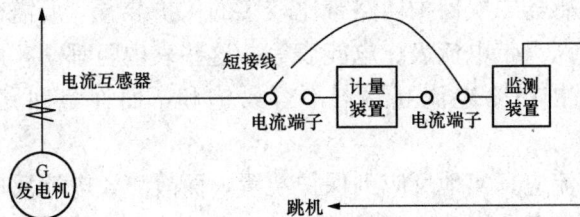

图 3-21 计量表试验接线示意图

（2）计量表达到检验周期，而发电机检修周期未到，热工仪表员急于检验计量表，在设备仍在运行时校验保护装置（如图 3-22 所示），这种冒险行为是此次事故发生的主要原因。

（3）发电机工作状态监测装置与计量表合用一套电流互感器，属于设计不合理，是此次事故发生的重要原因。

四、吸取的教训

（1）电流互感器在运行过程中禁止开路，一方面可以避免出现高电压伤及人员与设备，另一方面还可避免保护回路电流互感器开路、差动保护误动作。

（2）热工仪表员应合理安排计量表的检验日期，即所有与发电机安全相关的表计检验应与发电机检修同步进行，不能因检验问题造成大事故。

（3）发电机电流互感器二次回路计量装置与监测装置应分开设置，避免因其他原因导致此类事故再次发生。

五、整改措施

（1）修订计量管理制度，禁止所有电气设备在运行过程中的计量装置检验行为，同时也禁止在运行设备上检验保护装置。

图 3-22　在设备运行时校验保护装置

（2）制订改造计划，待发电机停机检修期间，保留该发电机的计量回路，监测回路接入继电保护保护回路（同是保护装置）。

六、思考题和提示

（1）保护用电流互感器二次回路为什么和计量用电流互感器精度不一样？

提示：保护回路的误差可以达到 10%，而计量回路正常误差为 0.5%。

（2）保护用电流互感器与计量用电流互感器为什么二次容量不一样？

提示：电流互感器二次保护回路带比较多的保护装置，所需容量较大；而电流互感器二次计量回路只带电流表、电能表等，这些表内阻都小，所以容量就小。

（3）为什么保护回路电流互感器不容易饱和，而计量回路电流互感器容易饱和？

提示：故障电流应真实地反应到保护装置，而故障大电流反应到计量装置，将烧坏计量装置，所以两者饱和度差异较大。

（4）电流互感器二次绕组开路对差动保护会有什么影响？

提示：电流互感器二次绕组开路后，原来很小的电流差突然增大，将导致保护动作引发跳电事故。

案例九 干式变压器温度异常

一、理论

干式变压器温度控制器是利用预埋在干式电力变压器三相绕组线包中的三只 Pt100 铂热电阻来检测干式电力变压器线包的温升，并根据温升自动控制冷却风机的启停、超温报警直至超高温跳闸，保证干式电力变压器的安全运行。

二、事故经过

某年夏季，××污水处理厂电工和往常一样，对变、配电设备进行日常巡视，走到 500kVA 的干式变压器的温度控制器前，发现有一相温度显示为 100℃，其他两相为 43℃，显然高的那一相是在异常运行。

三、原因分析

电工组长和两位有经验的电工师傅进行逐项分析：

（1）用电负荷是否不均衡，对温度高的一相用电负荷与其他两相用电负荷相比较，基本相同。

（2）温度控制器是否有问题，由生产温度控制器厂家进行检测，检测数据证明控制器正常。

（3）测温传感器是否有问题，拆下传感器进行检测试验，三个传感器的参数相等。

（4）对三个冷却风机进行检查和试机，结果也是正常。

（5）对干式变压器的通风道进行检查，发现一相通风道有异物堵塞，将异物拉出后发现是老鼠窝（如图 3-23 所示），找到了肇事的元凶——老鼠。

图 3-23　老鼠窝

四、吸取的教训

（1）加强通风设备的运行和维护，确保变压器良好的通风。

（2）确保通风设备运行正常，主要要确保风机等的正常运行。

（3）变压器室内要设有防止雨、雪和鸟类、蛇等小动物进入的措施。

五、整改措施

（1）加强监测温度。

（2）加强测温器观察，注意三相温度的平衡，一个阶段的温度显示值是否有突变现象。

（3）加强监督，及时发现温控器不正常工作状态，提前采取措施，避免故障发生。

（4）安装热敏电阻，实现恒温双配置，避免此类故障发生。

（5）注视观察铁芯风道应无灰尘及杂物堵塞，铁芯无生锈或腐蚀现象等。

六、思考题和提示

（1）有载分接开关的触头过热是什么原因造成的？

提示：触头接触不良。在分接开关运行中，触头的异常磨损和触头弹簧变形均会引起触头接触压力变小，出现触头接触不良的潜伏性缺陷。

触头长期承受严重的过载电流，致使触头温升过高、必然产生触头过热性故障。

触头散热不佳。如触头周围介质的温度高，散热又不好，必然导致触头温升进一步升高，在极端情况下也可能导致热解碳的生成。

（2）干式电力变压器温控器的作用是什么？

提示：温控器除显示三相绕组温度变化外，还具有自动启停风机、故障报警、超温声光报警、超温跳闸报警、故障信号远传等功能。配置保护外壳主要是保证使用的安全性。

（3）干式电力变压器有调压装置的设备，在运行时主要检查哪些方面？

提示：分接开关、触头或接触桩头。主要检查有无过热，电源指示是否正常，发现异常时，应退出运行做检查，并修理。

（4）为什么环氧浇注式干式电力变压器，既具有防潮与防污的性能，还可以在较恶劣的环境下工作？

提示：由于整个绕组的导体都被环氧树脂的固体绝缘层包封，不仅潮气难以侵入，而且完全阻断了导体被各种有害气体和腐蚀性化学成分侵害的可能，因此防潮与防污的性能相对较好，并可工作于较恶劣的环境中。

案例十 罕见大雨使变压器失电

一、理论

绝缘子俗称绝缘瓷瓶,它被广泛地应用在发电厂和变、配电站装置、变压器、各种电器以及输、配电线中。

二、事故经过

某年夏天,某地遭受特大暴雨袭击(如图 3-24 所示)。由于暴雨、大风的突袭,造成××变电站 1 号主变压器差动保护动作,1 号主变压器 35kV、1 号主变压器 10kV 断路器跳闸,10kV 分段自切成功,35kV 正母线失电。2 号主变压器差动保护动作,2 号主变压器 35kV、2 号主变压器 10kV 断路器跳闸。该变电站全站失电。

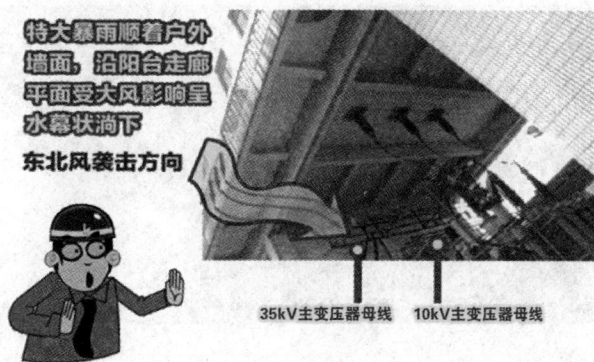

特大暴雨顺着户外墙面,沿阳台走廊平面受大风影响呈水幕状淌下

东北风袭击方向

35kV主变压器母线 10kV主变压器母线

图 3-24 变压器受大风雨侵袭图

三、原因分析

(1) 由于遭遇罕见特大暴雨,雨水 pH 值可达 4,电导率可达数千 $\mu s/cm$(自来水约为 $400\mu s/cm$)。由于该变电站所处地理位置偏远,为多尘地带,受灰尘的侵蚀,路边积灰较多。该变电站 1、2 号主变压器及 35kV 母线设计为半户外式,35kV 母排又处于过道下,所以不能像全户外设备那样受雨水清洗。当特大暴雨沿户外墙面呈水幕状淌下,并在 7～8 级大风的作用下,大量下淌的雨水被吹入安装母线的过道内,呈抛物线泼向支柱绝缘子和母排。由于淌下的雨水中夹杂着从楼顶上和墙面上冲刷下来的污秽物及铁栏杆上的铁锈,加上母排和绝缘子上的积污,增加了雨水的导电性。在连续的暴雨和 7～8 级大风的持续作用下,35kV 母排的棒式支柱绝缘子发生局部闪络(如图 3-25 所示),雨水短接了 35kV 相间母排(如图 3-26所示),使母排发生相间闪络,造成 1、2 号主变压器相继发生差动保护动作,最终导致全站失电。

图 3-25　绝缘子要正确选择　　　　图 3-26　雨水短接了相间母排

（2）35kV 母线采用棒式支柱绝缘子支撑，绝缘子下端接高压电排，绝缘子上端接接地构架。35kV 母排相间中心距为 600mm，净距为 430mm（如图 3-27 所示）。

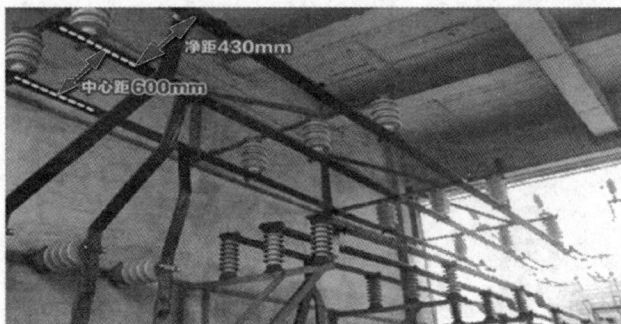

图 3-27　棒式支柱绝缘子装设

由于 35kV 母线位于上层，10kV 母线位于下层，所采用的支柱绝缘子均为 35kV 等级的支柱绝缘子，10kV 中相用热缩绝缘套管进行包扎封套，相应地增强了 10kV 母线的绝缘强度，因而使得 35kV 母线的绝缘在当时的恶劣气候条件下强度比 10kV 母线低。

其次，35kV 母线的相间净距离为 430mm（承受线电压 35kV），ZS-35/400 型支柱绝缘子的干弧距离为 420mm（承受相电压 20kV），两者的距离基本相同，而承受的电压为 $\sqrt{3}$ 倍。加之支柱绝缘子伸出的伞裙对雨水有阻挡作用，相与地之间不易形成连续的水帘，而相间母排之间无任何遮挡物，易被雨水短接。因此在 35kV 母线上相对地的绝缘强度高于相间的绝缘强度。

四、吸取的教训

（1）房屋结构不合理，暴雨时造成雨水沿户外墙面呈水幕状淌下的情况发生。

（2）半户外式的 35kV 母排，相间净距相对较小。

（3）该棒式支柱绝缘子不应使用在半户外的设备上，由于空气污染逐步加剧，户外应选用具备防污秽功能的绝缘子。

（4）35kV 母排的棒式支柱绝缘子（ZS-35/400）的爬距不够。

（5）该棒式支柱绝缘子应使用在支柱式场合，而不应该作为悬挂式使用。

因此，造成本次变压器失电的原因有多种，但最主要的原因是暴雨、大风降低了变压器 35kV 母线的绝缘强度，直接导致了此次事故的发生。

五、整改措施

（1）1、2 号变压器 35kV 母排加装热塑绝缘套管。

（2）35kV 户外棒式支柱绝缘子由 ZS-35/400 调换成户外防污型棒式支柱绝缘子 ZSW-35/400。

（3）在变压器上方的 110kV 断路器室东侧走廊加 20cm 檐口，断路器室门内加 15cm 门槛，并增加 2 根落水管（原有落水管 2 根）。

（4）结合停电对变压器 35kV 侧母排上方走廊处加雨篷。

由表 3-2 中可以看出户外防污棒型支柱绝缘子 ZSW-35/400 比户外棒式支柱绝缘子 ZS-35/400 的最小公称爬电距离增加了 275mm，并提高了防污等级。

表 3-2　　　　户外防污棒型支柱绝缘子最小公称爬电距离

型号	形式	额定电压（kV）	高度（mm）	最小公称爬电距离（mm）	污秽等级
ZS-35/400	户外棒型	35	400	600	—
ZSW-35/400	户外防污棒型	35	400	875	II

六、思考题和提示

（1）绝缘子按安装地点可以分为几种？

提示：绝缘子按安装地点，可分为户内（屋内）式和户外（屋外）式两种。

（2）户外式绝缘子有什么要求？

提示：户外式绝缘子由于它的工作环境条件要求，应有较大的伞裙，用以增加沿面放电距离，并且能够阻断水流，保证绝缘子在恶劣的雨、雾等气候下可靠地工作。

（3）在有严重的灰尘或有害绝缘气体存在的环境中，应选用什么样的绝缘子？

提示：在有严重的灰尘或有害绝缘气体存在的环境中，应选用具有特殊结构的防污型绝缘子。

（4）绝缘子表面无伞裙结构应用在什么场合？

提示：属于户内式绝缘子，故只适用于屋内电气装置中。

案例十一　桥接线方式下检修变压器可能造成全站停电

一、理论

桥接线分内桥接线和外桥接线两种形式。内桥接线的桥断路器 QF3 接在变压器高压侧，变压器高压侧无断路器，只有隔离开关，而线路有断路器 QF1 和 QF2。内桥接线的特点是线路故障或检修时，不影响变压器运行，而变压器故障或检修时会影响相应线路，线路要停电；外桥接线的桥断路器 QF3 接在线路侧，变压器高压侧有断路器 QF1 和 QF2，而线路上没有断路器。外桥接线的特点是变压器故障或检修不影响线路运行，而线路故障或检修会影响变压器，相应的变压器停电。

桥接线使用的电气设备少，布置简单，造价低，供电可靠，运行灵活，而且只要在配电装置的布置上采取适当措施，桥接线还可能发展为单母线分段接线，以便增加进出线回路。

二、事故经过

××变电站的运行状态如图 3-28 所示：接线方式为外桥主接线；1 号电源对侧断路器检修，本站 2 号主变压器检修；L1 线路隔离开关在分闸位置，1 号主变压器由 L2 线路单电源供电，10kV 分段断路器和 35kV 分段断路器均在合闸位置。

某日，运行人员在许可完 2 号主变压器工作后，检修班工作人员便开始工作。在变压器检修工作进行到一半时，控制室照明全部关闭，发生了全站停电事故（如图 3-29 所示）。运行人员检查发现 35kV 分段断路器 QF3 跳闸，2 号主变压器气体继电器保护动作。

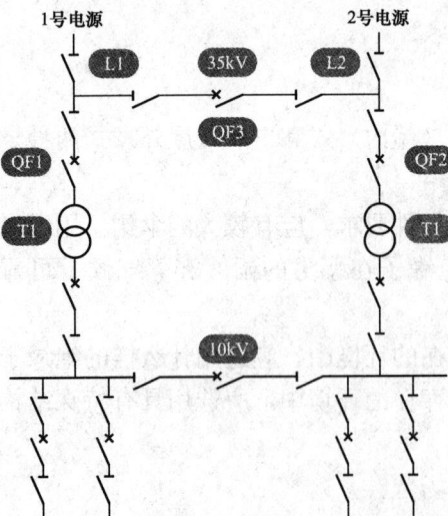

图 3-28　××变电站运行状态图　　　　图 3-29　全站停电事故示意图

三、原因分析

2号主变压器气体断路器出口压板未退出是此次事故发生的直接原因。由于外桥主接线的这种运行方式很少用到，因此运行人员和检修人员未考虑到在此种特殊运行方式下，2号主变压器的气体断路器保护是要跳运行设备 QF3 分段断路器的，而此时的 QF3 分段断路器又是 2 号电源到 1 号主变压器去的唯一通道。因此，QF3 分段断路器跳闸使得 1 号主变压器失电，造成全站停电事故。

四、吸取的教训

此次事故反映了运行人员和检修人员业务技术能力欠缺。

五、整改措施

加强人员培训，提高人员素质。

六、思考题和提示

（1）简述内桥接线及其特点。

提示：内桥接线的桥断路器 QF3 接在变压器高压侧，变压器高压侧无断路器，只有隔离开关，而线路有断路器 QF1 和 QF2。内桥接线的特点是线路故障或检修，不影响变压器运行，而变压器故障或检修会影响相应线路，线路会停电。

（2）简述外桥接线及其特点。

提示：外桥接线的桥断路器 QF3 接在线路侧，变压器高压侧有断路器 QF1 和 QF2，而线路上没有断路器。外桥接线的特点是变压器故障或检修不影响线路运行，而线路故障或检修会影响变压器，相应的变压器会停电。

（3）内桥接线和外桥接线采用哪种接线方式更好？

提示：由于线路故障和检修机会比变压器多，所以一般都用内桥接线。在变压器需要经常投切的场合及系统交换功率比较大的情况下，应用外桥接线比较方便和有利。

（4）桥接线有哪些优点？

提示：桥接线使用的电气设备少，布置简单，造价低，供电可靠，运行灵活，而且只要在配电装置的布置上采取适当措施，桥接线还可能发展为单母线分段接线，以便增加进出线回路。

（5）主变压器从运行改检修需要停止哪些二次压板？

提示：需要将主变压器所有跳闸用的二次压板退出。

案例十二　变压器内氮气压力未放尽导致封板弹出伤人

一、理论

充氮运输的变压器、电抗器，在进行器身检查时，必须把油箱内的氮气排尽，并用干燥空气进行置换，氧气含量大于 18％，人员方可进入变压器内进行工作。压力容器的压力在没有释放到零表压时不得打开封板。

二、事故经过

某年 6 月 15 日上午 9：40，某安装公司在××变电站施工，按工程进度安排当天对 1 号主变压器钻芯检查后进行附件安装。钻芯前先对主变压器本体进行排氮换气，当时主变压器本体内氮气压力为 0.03MPa，施工人员在厂方技术人员的指导下，用变压器上部的充气阀进行排气。在没有把箱体内压力排放到零表压时，为急于工作，用打开变压器检查孔封板螺栓的方法加快放气。检查孔封板是圆形铁板，用螺丝与变压器箱体固定，距离地面约 2m。施工人员站在人字形扶梯上（高度约 1.6m）拆卸人孔封板螺丝（如图 3-30 所示），当卸剩最后 2 个螺丝（均已松动）时，主变压器本体内气体将封板带螺丝一齐弹出，气浪将封板冲弹出 10m 外落地，施工人员随同弹离人字梯摔落在地（如图 3-31 所示），导致左肩锁骨骨裂。

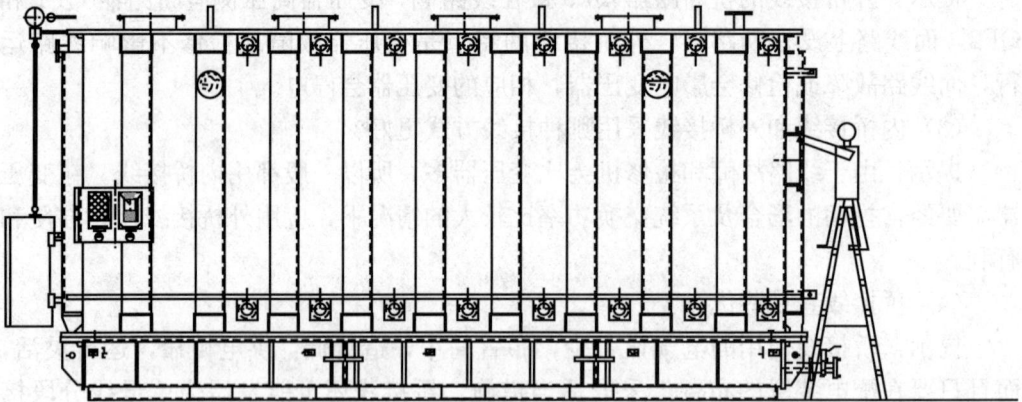

图 3-30　站在人字梯上拆松人孔封板螺栓示意图

三、原因分析

（1）充气运输的变压器排气应开启专用阀门释放内部气体压力，只有当内部气体压力为零时才能打开箱体封板，不能采用直接松开封板螺丝的方法进行放气。厂家技术人员没有严格按变压器安装规程进行技术指导，施工人员不清楚如此操作的安全隐患和后果，自我保护意识不强，盲目操作。

（2）施工人员工作经验不足。松开封板螺丝时是松一个拆一个，而不是先对角

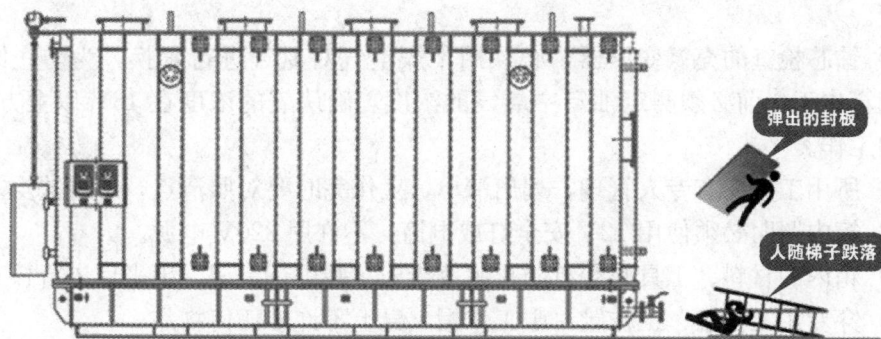

图 3-31　封板弹出人随同摔下示意图

松开部分螺丝数扣后，让变压器封板产生缝隙进行气体释放，待没有压力后再把螺丝全部松掉。

（3）现场安全监护不够，在场所有的人均未考虑到应从阀门释放箱体内部气压。无人阻止施工人员在有压力的情况下一个一个拆除螺丝。

（4）在作业指导书中没有明确充气变压器释放气体必须用阀门进行，在压力为零时才能打开封板。

四、吸取的教训

充氮运输的变压器、电抗器需排氮时，应通过专用阀门释放器身的气体压力。

五、整改措施

（1）变压器作业指导书要明确充气变压器放气方法，在专项施工交底中进行专门交底，列入项目部施工危险源进行防范。

（2）加强施工人员的技术培训。

六、思考题和提示

（1）充氮的变压器、电抗器放气时要注意什么？

提示：充氮运输的变压器排气应开启专用阀门释放内部气体压力，只有当内部气体压力为零时才能打开箱体封板，不能直接松开封板的螺丝进行放气。

（2）有负压的 GIS 设备间隔拼装前可打开封板吗？为什么？

提示：有负压的 GIS 设备间隔必须充干燥气体到零表压时才能打开封板，如负压时开封板，由于大气压力无法打开，如用外机械力硬性打开，由于受力不均匀会损坏设备。

（3）充氮运输的变压器，现场钻芯检查的安全要点主要有哪些？

提示：

1）防止绝缘物受潮：对长期充氮运输的大型变压器，为减少器身绝缘物暴露在大气中吸潮，开盖前必须浸一次油，浸油后静置 12 小时以上，方可抽油进行器身检查。

2）钻芯检查的充氮变压器，必须用干燥空气对氮气进行置换，为防止缺氧，进入油箱中工作前必须测定油箱中氧气的浓度。确认氧的浓度在 18％以上方可进入箱内工作。

3）所用工具要有专人管理，列出清单，工作完时要对照清点，不得缺少。

4）箱内照明必须使用 12V 安全灯或电筒，不许用 220V 电源。

5）箱内的材料、工具必须有防止脱落措施，并进行登记，出来后进行核对。

6）穿专用工作服、工作靴，戴工作帽，身上不许带任何物品。

7）油箱内有人工作时，箱外必须有人监护。

（4）变压器器身暴露在空气中的时间怎样计算？

提示：器身暴露在空气中的规定：带油运输的变压器由开始放油时算起；不带油运输的变压器由揭开顶盖或打开任一堵塞算起，到开始抽真空或注油为止。空气湿度＜75％时器身暴露在空气中的时间必须少于 16 小时。

案例十三 无励磁调压干式变压器分接头烧坏

一、理论

变压器分接开关的作用是调节电压。

电压调整主要是给电力系统提供稳定的电压，控制电力潮流或调节负载电流。

变压器无励磁调压的方法是在其某一侧绕组上设置分接，切除和增加一部分绕组的线匝，以改变绕组的匝数。常把绕组引出若干个抽头，这些抽头称为分接头。通过手动操作，由一个分接头接到另一个分接头，以改变绕组的有效匝数，即改变其电压比，从而实现调压目的（如图 3-32 所示）。

分接头接线位置	
2-3	10750V
3-4	10500V
4-5	10250V
5-6	10000V
6-7	9750V

图 3-32 分接头与电压

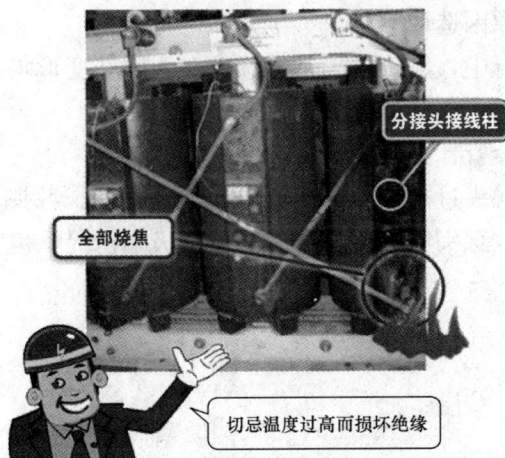

二、事故经过

某日，某企业的电工途经变配电间时，闻到从变配电间内散发出的焦味，电工当即打开配电间门，逐个电器设备进行搜索，当走到干式变压器箱旁边时，感觉气味更加浓，打开箱门，一股刺鼻的焦臭味扑面而来。电工立即通知值班负责人，要求马上停止该干式变压器电源。随后进行仔细检查该干式变压器，发现 C 相分接连接头已经烧焦（如图 3-33 所示）。

三、原因分析

（1）对烧毁的分接头进行仔细检查，发现连接片的固定螺丝有松动现象。这可能是在安装、检修或调整电压时压紧螺丝没有固定紧，松动的螺丝在大电流作用下，连接片和分接头之间打火拉弧烧损接线柱。

（2）如图 3-34 所示，使用时间久，由于电动力等其他各种振动的因素，容易造成连接片与分接头松动，在大电流作用下，连接片和分接头之间也因打火拉弧烧损接线柱。

图 3-33 干式变压器 C 相分接连接头烧毁示意图

四、吸取的教训

（1）密切关注运行工况。主要检查电压、电流、负荷、频率、功率因数、

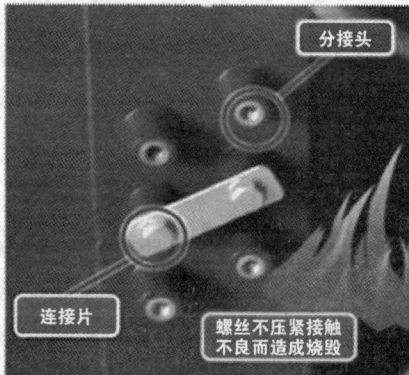

图 3-34　接触不良会导致分接头温度升高

环境温度有无异常，要注意及时记录其上限值，发现异常要及时查明原因并报告上级。

（2）加强对温控系统的监视检查。主要检查温控器和温度显示器的温度显示值。干式电力变压器的温度升高，不仅影响干式电力变压器寿命，有时还会中止运行，因此应特别注意监视。

五、整改措施

（1）接触不良会导致分接头温度升高，所以应及时检查连接片与分接头接触点及其他导电部分有无过热现象，及时发现故障并紧固松动的螺丝。

（2）发现接触压力不足、接触面积腐蚀等问题，要及时清除电腐蚀。

（3）紧固各个部位的螺丝时可在接头处涂导电膏，再粘贴示温片。

六、思考题和提示

（1）有载分接开关的触头过热是什么原因造成的？

提示：触头接触不良。在分接开关运行中，触头的异常磨损和触头弹簧变形均会引起触头接触压力变小，出现触头接触不良的潜伏性缺陷。

（2）触头长期承受严重的过载电流，会有什么后果？

提示：致使触头温升过高，必然产生触头过热性故障。如触头散热不佳。触头周围介质的温度高，散热又不好，必然导致触头温升进一步升高，在极端情况下也可能导致热解碳的生成。

案例十四 纤细风筝线酿成大祸害

一、理论

电阻是反映导体对电流阻碍作用大小的物理量，导体对电流阻力小，表明它的导电能力强，导体对电流阻力大，表明它的导电能力差。导体电阻的大小与导体的长度成正比，与导体的截面积成反比，同时也与导体材料的性质、环境温度等因素有关。流过导体的电流强度与这段导体两端的电压成正比，与这段导体的电阻成反比。

二、事故经过

某日，毛毛细雨中伴随一声巨响，某地 AB221 线路跳闸，时间显示为 12：48。

线路运行人员立即前往 221 线路巡检，发现离站约百米处的 221 架空线路上面和下面均有风筝线（如图 3-35、图 3-36 所示）。再进一步仔细检查，发现 AC211/212 架空线路上也挂有风筝线（如图 3-37 所示）。13：20，AC211 线跳闸，13：30，AC212 线跳闸。事故造成 AC211/212 线路相继跳闸，220kV D站 2 号主变压器、220kV E 站 1 号主变压器、220kV F 站 1 号主变压器失电，三座变电站均自切成功，未少送电。事故前线路状态如图 3-38 所示。

图 3-35 风筝线横挂架空线

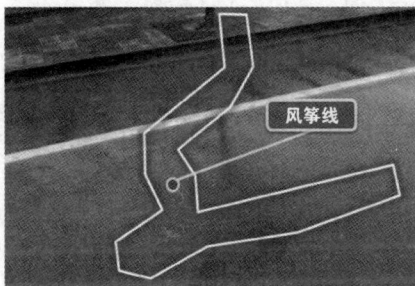

图 3-36 架空线下面有风筝线

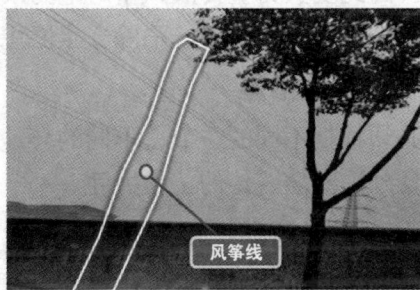

图 3-37 架空线上也挂有风筝线

三、原因分析

从上述理论可知，导体电阻的大小与导体的长度成正比，与导体的截面积成反比，同时与导体材料的性质、环境温度等因素有关。风筝线断了以后落在架空线路上，给该线路埋下隐患。当天气晴朗时，风筝线的电导率（电导率很小的物体称为

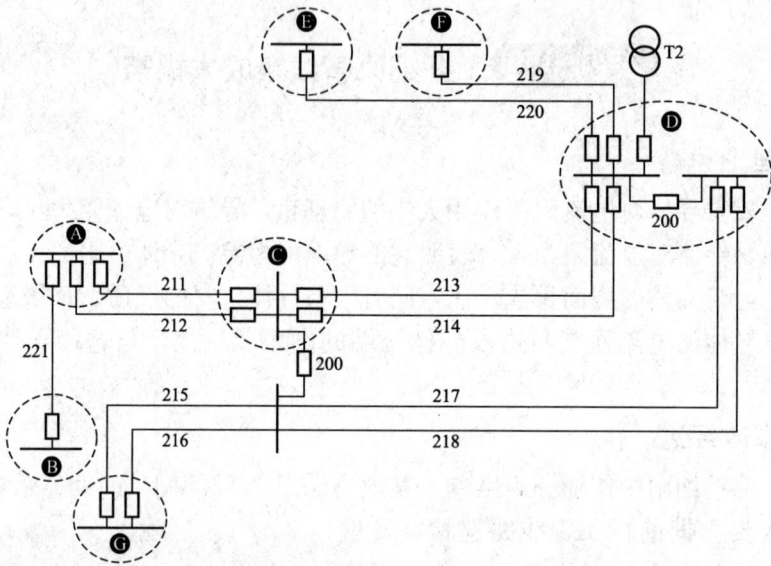

图 3-38　事故前 AB221 线路状态

绝缘体，又叫电介质）很小，风筝线的电阻很大。下雨时，风筝线受潮后电导率突然增大，使带电质点（电子或离子）能够自由移动［带电质点（电子或离子）能够自由移动的物体称为导体］。在高电压的作用下便发生短路，强大的电流通过风筝线在线路导线的相与相之间流过，形成相间短路。

四、吸取的教训

该变电站站外的线路走廊离公园不远，3 月春暖花开，正是人们放风筝的黄金季节。因此要大力宣传放风筝对电力线路的严重危害，特别是风筝断线后，要及时通过电话告知电力部门，消除安全隐患。

五、整改措施

必须根据不同的季节、不同的环境有针对性地切实做好线路反外力破坏工作，加大反外力破坏宣传的工作力度。

六、思考题和提示

（1）什么是全电路欧姆定律？

提示：在一个闭合电路中，电流强度与电源的电动势成正比，与电路中内电阻和外电阻之和成反比。这个定律称为全电路欧姆定律。

（2）什么是电阻？

提示：电阻是反映导体对电流阻碍作用大小的物理量，导体对电流阻力小，表明它的导电能力强；导体对电流阻力大，表明它的导电能力差。导体电阻的大小与导体的长度成正比，与导体的截面积成反比，同时与导体材料的性质，环境温度等因素有关。

（3）什么是绝缘体？

提示：电导率很小的物体称为绝缘体，又叫电介质。

（4）什么是导体？

提示：带电质点（电子或离子）能够自由移动的物体称为导体。

（5）此次事故能够避免三台主变压器同时失电吗？

提示：能。如果反应及时，处理得当，在 13：30 AC212 线跳闸前将 C 变电站 200 断路器合闸就能避免三台主变压器同时失电。

案例十五　小差错酿成大祸

一、理论

中断供电将影响有重大政治、经济意义用电单位的正常工作，例如重要交通枢纽、重要宾馆、大型体育场、经常用于国际活动的大量人员集中的公共场所等用电单位的电力负荷属于一类负荷。

在一类用电负荷中，当中断用电发生中毒、爆炸和火灾等情况的负荷时，以及特别重要场所的不允许中断供电的负荷，称为特别重要的负荷。

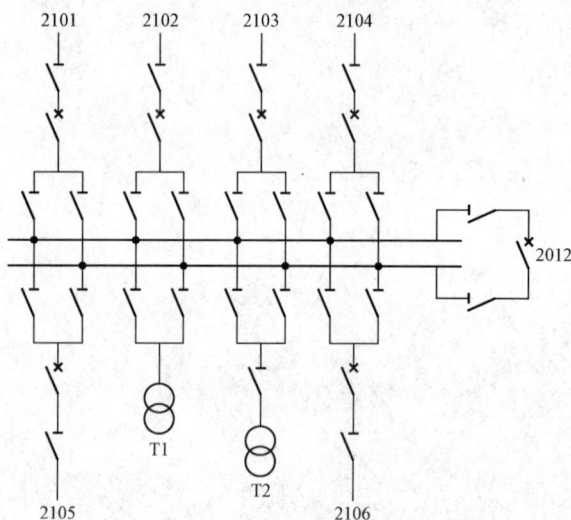

图 3-39　××变电站事故前的状态示意图

二、事故经过

××变电站事故前的状态如图 3-39 所示：220kV 线路二进二出，即 2101、2102 两条线路是功率输入，2103、2104 两条线路是功率输出。事故前 220kV 接线方式为 220kV 母差停用、2101 断路器线路检修，2101 线路由于母差电流互感器调换后需要进行母差联跳试验，而送同一变电站的 2102 线路为运行状态（2101、2102 两条线路是此变电站仅有的两条电源线）。

根据要求，联跳试验工作开始后，工作负责人必须将 2101 线路（检修设备）的母差跳闸压板用上，通电试一下，以检验母差电流互感器调换后的回路是否正确，但由于他没有认真核对设备铭牌，错误地把紧靠 2101 线路母差跳闸压板的 2102 线路母差跳闸压板用上，使得运行中的 2102 线路断路器被错误地跳开，造成对侧站全站停电。

三、原因分析

（1）工作负责人没有意识到自己工作的差错会造成如此恶劣的影响。

（2）安全防范措施不到位。对于如此重要的线路未从技术上采取防范措施，未能做到万无一失。

四、吸取的教训

一方面加强人员的教育培训工作（如图 3-40 所示），另一方面从技术措施上防止此类事故的发生。

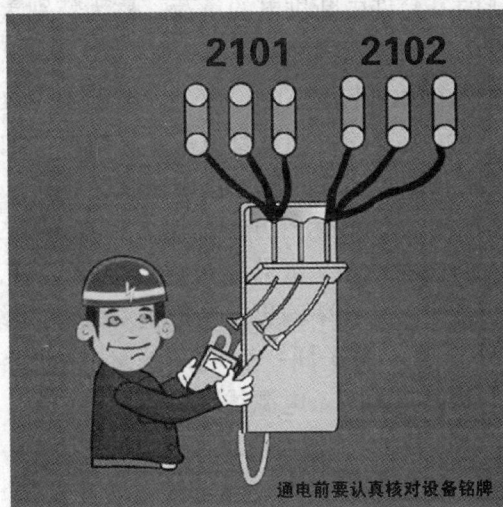

图 3-40　加强人员的教育培训

五、整改措施

此事故发生后，运行部门十分重视，采取了技术反措，包括在运行设备压板上加装有机玻璃罩盖（如图 3-41 所示），防止此类误放压板的事件再次发生。

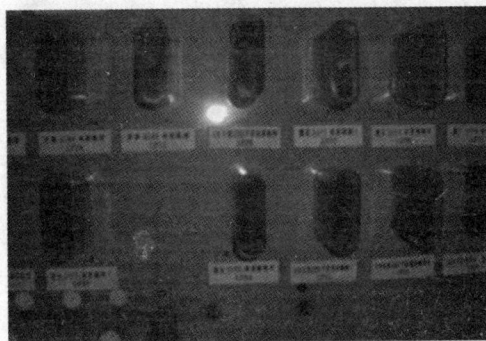

图 3-41　采取有效的技术措施

六、思考题和提示

（1）哪些电力负荷属于一类负荷？

提示：中断供电将影响有重大政治、经济意义的用电单位的正常工作，例如重要交通枢纽、重要宾馆、大型体育场、经常用于国际活动的大量人员集中的公共场所等用电单位的电力负荷属于一类负荷。

（2）什么是特别重要的负荷？

提示：在一类用电负荷中，当中断用电发生中毒、爆炸和火灾等情况的负荷时，以及特别重要场所的不允许中断供电的负荷，称为特别重要的负荷。

（3）一类负荷的供电要求包括哪些？

提示：一类负荷由两个独立电源供电，当一个电源发生故障时，另一个电源不应该同时受到损坏。一类负荷中的特别重要负荷，除由两个独立电源供电外，还应增设应急电源，并不准将其他负荷接入应急供电系统。

（4）事故前××变电站220kV运行方式是什么？

提示：事故前××变电站220kV线路二进二出，即2101、2102两条线路是功率输入，2103、2104两条线路是功率输出。事故前220kV接线方式为220kV母差停用、2101断路器线路检修，而送同一变电站的2102线路为运行状态（2101、2102两条线路是此变电站仅有的两条电源线）。

（5）事故后采取了什么技术反措？

提示：在运行设备压板上加装有机玻璃罩盖，防止此类误放压板的事件再次发生。

案例十六 油浸式变压器加油后高压断路器突然跳闸

一、理论

变压器油是流动的液体，可充满油箱内各部件之间的气隙，排除空气，防止由于各部件受潮而引起的绝缘强度降低。此外，变压器油在运行中可以吸收绕组和铁芯产生的热量，起到冷却的作用。因此，变压器油的作用是绝缘和冷却。常用的变压器油分为国产 25 号、45 号和 10 号三种。

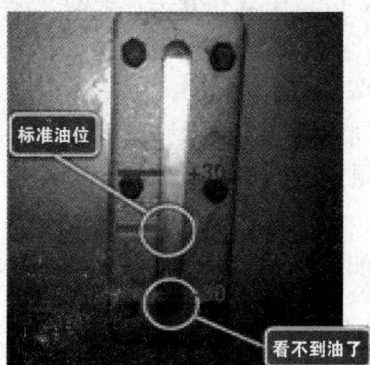

图 3-42　油位检测示意图

二、事故经过

某日，一厂电工在巡视油浸式变压器时，发现油位表上看不到油了（如图 3-42 所示），电工进行认真检查，发现有渗漏油的现象，立即向有关领导汇报油浸式变压器的渗漏油现象及其缺油运行状态。领导接到汇报后，作出由供应科马上去石油公司采购变压器油、由电工负责将变压器油补入变压器、做好安全工作的决定。

电工接到供应科送来的变压器油，立即补入变压器内，约 30min 后，高压断路器突然跳闸。

三、原因分析

把变压器送到维修厂吊芯检查，发现变压器绕组匝间短路，对绝缘油进行击穿电压测试发现油中含水量过高，导致变压器绕组匝间短路。

四、吸取的教训

（1）补入变压器油时，应按相关技术要求及规定操作：

1）电工补油应按照相关规定去实施。

2）补油应查看质量保证书。

3）应该查看电气试验报告。

五、整改措施

发现油浸式变压器缺油、需要加油时必须做好以下措施：查看变压器油的试验报告，补油前变压器必须退出运行，投入运行后观察一段时间。

六、思考题和提示

（1）变压器油有什么作用？

提示：变压器油是流动的液体，可充满油箱内各部件之间的气隙，排除空气，防止由于各部件受潮而引起的绝缘强度降低。变压器油本身绝缘强度比空气大，所

95

以油箱内充满油后，可提高变压器的绝缘强度。变压器油还能使木质及绝缘保持原有的物理和化学性能，并对金属起到防腐的作用，从而使变压器的绝缘保持良好的状态。此外，变压器油在运行中还可以吸收绕组和铁芯产生的热量，起到冷却的作用。所以，变压器油的作用是绝缘和冷却。

（2）变压器调整电压的方法是在其某一侧绕组上设置分接，用来切除或增加部分绕组的线匝，以改变绕组匝数，从而达到改变电压比的有级调整电压方法，一般情况下分接抽头设在哪一侧？

提示：一般情况下是在高压绕组上抽出适当的分接。这是因为高压绕组常套在低压绕组的外面，引出分接方便；同时高压侧电流小，分接引线和分接开关的载流部分截面小，开关接触触头也较容易制造。

（3）油浸式变压器内设置气体继电器的作用是什么？

提示：在变压器内部发生故障（如绝缘击穿、相间短路、匝间短路、铁芯事故等）产生气体时，接通信号或跳闸回路，进行报警或跳闸，以保护变压器。

（4）油浸式变压器内部主要绝缘材料有哪些？

提示：油浸式变压器内部主要绝缘材料有变压器油、绝缘纸板、电缆纸、皱纹纸等。

有载分接开关故障

一、理论

变压器接在电网上运行时，变压器二次侧电压会由于种种原因发生变化，影响用电设备的正常运行，因此变压器应具备一定的调压能力。根据变压器的工作原理，当变压器高压绕组的匝数比发生变化时，变压器二次侧电压也随之变动，采用改变变压器绕组匝数比的办法即可达到调压目的。变压器调压方式通常分为无励磁调压和有载调压两种。当二次侧不带负载、一次侧又与电网断开时的调压为无励磁调压，在二次带负载下的调压为有载调压。

一般情况下，分接开关是在高压绕组上抽出适当的分接。这是因为高压绕组常常在外面，引出分接方便，同时高压侧电流小，分接引线和分接开关的载流部分截面小，开关接触触头的制造也比较容易。

二、事故经过

××变电站是位于市中心的 220kV 地下终端变电站，有两台三线圈变压器，电压等级分别为 220kV、110kV 和 35kV，220kV 侧为线变串接线，该站无 220kV 高压断路器，高压断路器在对侧变电站。

某日，某 35kV 线路故障跳闸，与此同时，有载调压开关重气体继电器保护也动作，致使 1 号主变压器的 110kV 断路器、35kV 断路器及对侧变电站的电源断路器跳闸。

三、原因分析

（1）选择开关触头滚轮卡涩造成放电（如图 3-43 所示）。有载调压开关由操作机构、选择开关、切换开关、极性开关、快速机构等组成。如要完成从 N 挡位向 N＋1 挡位的换挡过程，操作机构中的电动机需要通过齿轮带动快速机构，同时通过齿轮传递带动双数或单数选择开关，如切换到奇数挡则单数选择开关动作，如切换到偶数挡则双数选择开关动作。在选择开关完成动作后，快速机构带动切换开关，完成挡位切换。由于选择开关触头滚轮卡涩，触点没有到位，因此产生放电现象。

图 3-43 开关触头滚轮卡涩造成放电

（2）在进行挡位切换时，恰好碰到了穿越性故障电流是此次事故发生的重要原因。进行挡位切换时，恰好主变压器 35kV 侧线路发生故障，导致分接开关切换电流过大。

四、吸取的教训

有载分接开关担负着带负荷变更分接位置的任务，在运行中承受着空气和机械的双重考验，是动作较频繁的部件，过于频繁地调整分接位置，容易导致触头的磨损、紧固件和传动部件的松动以及绝缘油的劣化加快、加剧，对于这类有载分接开关，应根据实际运行情况适当地缩短检修周期。

五、整改措施

（1）由于有载分接开关频繁动作容易出现问题，巡视中应重点关注其动作的状况。

（2）当有载分接开关动作到一定次数或达到运行年限，应解体大修。

六、思考题和提示

（1）变压器调压的基本原理是什么？

提示：根据变压器的工作原理，当变压器高压绕组的匝数比发生变化时，变压器二次侧电压也随之变动，采用改变变压器绕组匝数比的办法即可达到调压的目的。

（2）变压器调压方式有哪两种？

提示：变压器调压方式通常分为无励磁调压和有载调压两种。当二次侧不带负载、一次侧又与电网断开时的调压为无励磁调压，在二次带负载下的调压为有载调压。

（3）变压器分接开关抽头是在高压绕组还是低压绕组上？为什么？

提示：一般情况在高压绕组上抽出适当的分接。这是因为高压绕组常常在外面，引出分接方便，同时高压侧电流小，分接引线和分接开关的载流部分截面小，开关接触触头的制造也比较容易。

（4）如何使变压器供给稳定的输出电压？

提示：为了供给稳定的输出电压，均需对变压器进行电压调整。变压器调整电压的方法是在其某一侧设置分接，用来切除或增加一部分绕组的线匝，以改变绕组线匝，从而达到改变电压比的有级调整电压的方法，这种绕组抽出分接以供调压的电路，称为调压电路。变换分接以进行调压所采用的开关，称为分接开关。

（5）简述完成从 N 挡位向 N+1 挡位的换挡过程。

提示：如要完成从 N 挡位向 N+1 挡位的换挡过程，操作机构中的电动机需要通过齿轮带动快速机构，同时通过齿轮传递带动双数或单数选择开关，如切换到奇数挡则单数选择开关动作，如切换到偶数挡则双数选择开关动作。在选择开关完成动作后，快速机构带动切换开关，完成挡位切换。

98

案例十八　主变压器 10kV 侧零桩头缺陷检测及处理

一、理论

保证电气设备经常处于良好的技术状态是确保运行安全的重要环节之一。为全面掌握设备的健康状况，应在发现设备缺陷时尽快加以消除，努力做到防患于未然。

发现缺陷后，应认真分析产生缺陷的原因，并根据其性质和情况予以处理。

对电气设备的管理，不仅局限于对设备进行检测，更关键的是应对检测中的技术数据进行综合分析判断，制定相应的维护措施，及时处理故障隐患，将事故消除在萌芽状态，保证设备的正常运行，确保企业的安全生产。

二、事故经过

某日，××变电站对 110kV 三线圈 1 号变压器在进行停电检修的预试过程中，发现该变压器 10kV 侧三相（如图 3-44 所示）直流电阻数据（测试 a-0、b-0、c-0 之间的值）偏大，虽然三相平衡，但与历年所测试的数值相比有较大的变化，将该数据与去年检修预试所测得的数据值相比较，增长了将近一倍（在去年该变压器预试时已发现该变压器线圈的直流电阻值的测试数据有逐年增大迹象，但其数值变化较为均匀）。再对该变压器线电阻（测试 a-b、b-c、c-a 之间的值）进行测试，三相线电阻平衡且与出厂报告的初始值相比无明显变化。

三、原因分析

为了核对以上测试的数据，测试人员反复对该变压器的 10kV 线圈直流电阻进行复核测试，测试结果并未发现变化。测试人员初步认定为 10kV 侧零桩头下引线侧连接处的紧固螺丝有松动，而且松动存在加速迹象。虽然该桩头不接入设备运行，但其影响该变压器线圈直流线电阻测试数据的正确性并存在极大的安全隐患。

图 3-44　变压器顶上三相四线

打开 10kV 手控封板进行检查，发现零桩头的底部加固铜螺帽用手指可以轻轻左右拨转，紧固铜螺帽则可用手握住转动（如图 3-45 所示）。由此分析得出结论：该零桩头的两个铜螺帽在投运前未使用工具进行紧固。

测试人员将测试线夹直接连在零桩头铜杆上的连接铜皮上进行测试（如图 3-46 所示），发现测试数据大大降低。将两只铜螺帽作紧固后再测量其三相直流电阻数据，测试数据更小。

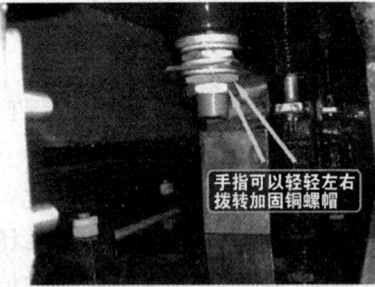

图 3-45 零桩头本体内的连接

图 3-46 连接铜皮上进行测试

四、吸取的教训

（1）变压器不论在户内、户外，由于本体的发热和空气的污染将加速套管桩头接头处的氧化过程。

（2）该桩头的接触面存在积灰和氧化层，测试人员今后在做此类检测时务必引起重视。

（3）检修人员在对变压器进行周期性停电检修时必须检查、维护所有套管的接头。

（4）类似直通套管要加过度板，如在套管上工作过一定要测量直流电阻。

五、整改措施

（1）测试数据必须接近实际数据。

（2）主变压器运行时，震动、磁效应及油循环等原因可能导致该螺母完全脱落，对设备的安全运行构成威胁，应予以重视。

六、思考题和提示

（1）什么是绝缘配合？

提示：绝缘配合就是考虑变压器在系统中可能出现的各种过电压、保护装置特性及变压器本身的绝缘特性，确定绝缘水平，从而使绝缘结构建立在经济合理的基础上。

（2）层压垫块的制作方法有哪些？

提示：生产批量较小或受设备的条件限制时，按工件的实际尺寸先将纸板用剪床下料，然后黏合热压，这种生产比较费工时；生产批量大时，则采用统一下料黏合热压成大张的层压板，再用锯削或铣削方法加工成实际需要的垫块，这种制作方法比较省工时，但需用有一定尺寸的台面和压力较大的热压机。

（3）层压件涂胶后到热压前的这段时间，必须注意哪些问题？

提示：层压件涂胶后到热压前这段时间，必须注意防止变形和受潮，因为变形会给热压造成严重困难，甚至无法热压而成为废品，因此摆放时一定要注意平整，不能互相交错，以免造成工件扭曲。放置工件的环境应干燥，无局部过热，工件若与潮湿空气接触会吸收水分，使胶质劣化，黏合强度下降，甚至完全失去黏结能力。

第四集

高压电器及成套配电装置

案例一 "五防" 功能不全导致触电事故

一、理论

断路器柜应具有"五防"联锁功能：防误分、合断路器，防带负荷拉合隔离开关，防带电挂接地线或合接地开关，防带接地线（或接地开关）合断路器，防误入带电间隔。

开工前应检查各项安全措施落实是否完善。

二、事故经过

某企业变电站内进口的 10kV 金属铠装高压成套柜一段母线运行多年，按检修计划某日执行停电检修作业。执行停电检修作业的当日早上，变电站值班员接到厂部调度电话：因生产需要，处于一段母线设备编号 10 号、设备名称为 1 号水泵的高压柜不能停电，该站 10kV 一段母线停电临时取消。下午，外出开会归来的变电站长进门碰见变电检修班长李某说：今天一段母线停电，帮忙将 10 号高压柜内的接地开关螺丝紧固一下（如图 4-1 所示）。两人来到 10 号高压柜后，打开柜门板，李某手执扳手触及带电铜排触电，后经抢救无效死亡。

图 4-1 执行母线停电检修作业

三、原因分析

（1）检修作业没有遵守《电力安全工作规程》的相关规定，没有验电、挂接地线就直接施工，是此次事故发生的直接原因。

（2）紧固 10 号高压柜接地开关超出李某今天工作票范围，对 10 号高压柜无工作票实施作业，是此次事故发生的主要原因。

（3）变电站长外出归来，没有了解今天变电站实际停电现状，盲目请李某帮忙处理 10 号高压柜内问题，是此次事故发生的重要原因。

（4）高压柜"五防"功能不全也是此次事故发生的原因之一。

四、吸取的教训

（1）检修作业前必须执行电气操作规程的技术措施：停电、验电、挂接地线。

（2）所有检修作业必须按工作票内容执行，超出范围的检修作业，一律重新开工作票，落实安全技术措施后进行。

（3）变电站任何人员应了解当日变电站的实际运行情况，不得一味套用原定的作业计划，否则就容易出大问题。

五、整改措施

（1）变电站临时变更的停电计划，不但要让当值人员知晓，还要通知所有变电站可能接触的人员，并留下书面记录。

（2）制订改造计划，在进口金属铠装高压柜后板加装带电指示器，或安装有电柜门闭锁装置。

（3）检修人员必须按工作票内容作业，并坚持安全技术措施不到位不作业的原则。

六、思考题和提示

（1）怎样杜绝违章指挥、违章作业？

提示：学习《电力安全工作规程　发电厂和变电站电气部分》（GB 26860—2011）等安全规程，学习反习惯性违章等材料。在涉及人身安全的电气检修作业中，坚持安全第一，不盲从上级指挥、不碍情面违章作业，作业前必须检查所有安全技术措施落实到位，互相监督、互相关注。

（2）带电指示器是什么样的设备？

提示：带电指示器是一种三相传感器，一般安装断路器本体下端。当高压设备带电，带电指示器利用电位差发光显示。

（3）成套柜门闭锁装置是怎么回事？

提示：成套柜在带电情况下，柜门实现电磁连锁，柜门无法打开。只有成套柜停电，手车断路器处于试验位置，柜门电磁连锁断电，柜门才可以打开检修。

（4）工作票和挂接地线属于什么安全措施？

提示：工作票属于安全组织措施，挂接地线属安全技术措施。其中工作票中有挂接地线的内容，挂接地线的行为也就是落实安全组织措施。

案例二　"五防"设备不可靠引发弧光灼伤事故

一、理论

停电应遵循首先断开断路器，然后拉开负荷侧隔离开关，最后拉开电源侧隔离开关的顺序。送电顺序与停电顺序相反。

只有分开断路器才能改变手车的状态，使手车可以运动。

二、事故经过

某企业一处 3kV 高压成套断路器柜要进行改造，全部更换成金属铠装高压成套柜。高压柜改造结束送电时，操作人员张某、李某先将该柜的 3kV 真空断路器手车在试验位置进行了多次合、分闸试验，然后在没有检查该真空断路器实际状态的情况下，将手车奋力向工作位置推进。由于断路器处在合闸状态，加上断路器"五防"措施不到位（试验位置合闸状态下断路器机械闭锁未卡住），手车推到运行位置时，发生了带负荷送电。张某、李某听到带负荷送电拉弧声音，慌乱中立即将手车断路器往回拉，结果形成带负荷拉隔离开关的弧光短路，两名操作人员被短路电弧光灼伤。事故现场如图 4-2 所示。

三、原因分析

（1）操作人员没有遵守电气操作规程的相关规定（如图 4-3 所示）进行倒闸操作（手车断路器从试验位置向工作位置推进前，应先确认断路器的实际位置），是此次事故发生的直接原因。

图 4-2　事故后的高压成套柜

图 4-3　不遵守倒闸操作规定

（2）手车断路器在试验位置处于合闸状态时，手车断路器无法进入工作位置是断路器"五防"措施之一。该手车断路器本措施失灵，是此次事故发生的主要原因。

（3）手车断路器带负荷送电已经错误，操作人员临事慌乱，回拉手车断路器，错上加错，是此次事故发生的重要原因。

四、吸取的教训

（1）手车断路器从试验位置向工作位置推进前，一定要确认断路器处于分闸状态，这也是断路器操作内容之一，必须做到。

（2）断路器向工作位置推进时，如发生带负荷送电，其操作原理如同隔离开关：即使操作错误，也不要立即往回拉，待查明原因，有了相应对策后再处理，否则一个错误会演变成两个错误。

五、整改措施

（1）金属铠装高压成套柜制造部门应立即对所有断路器手车进行检查，凡不符合"五防"要求的断路器一律整改。

（2）运行人员重新学习《电力安全工作规程 发电厂和变电站电气部分》（GB 26860—2011）的相关内容，防止带负荷送、拉断路器现象再次发生。

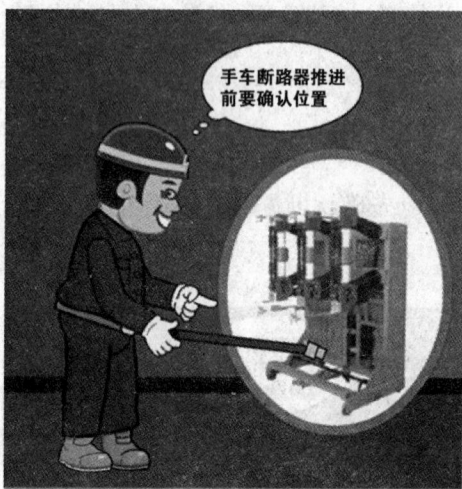

图 4-4 遵守电气操作规程

（3）如图 4-4 所示，运行人员必须按照操作要求，确认断路器在分闸位置（此步骤必须出现在操作票上），方可向工作位置推进。

六、思考题和提示

（1）怎样确认断路器操作后的实际状态？

提示：断路器操作后，可观察机械指示位置、灯光信号、仪表显示，带电指示器等的变化，至少两个及以上的指示与操作的内容同时发生变化，方可确认操作状态。

（2）本案例与"五防"中的哪个相关？

提示：断路器手车在试验位置合闸后，手车断路器应无法进入工作位置。

（3）带负荷拉、合隔离开关哪个后果更严重？

提示：后果都严重。带负荷合隔离开关可能造成对检修人员的触电伤害，带负荷拉隔离开关会造成弧光短路，可能会对操作人员产生伤害。

（4）手车断路器向工作位置推进前为什么要先投入保护装置？

提示：高压设备出现故障时，保护装置能立即做出反应，发出切断故障的指令。所以，投入保护装置再推手车断路器，一旦出现问题，可以保护人员安全。

案例三　10kV 母线螺丝未紧固造成母线弧光短路

一、理论

短路常见的原因包括：设备长期运行，绝缘自然老化，设备本身设计、安装和运行维护不良，绝缘材料陈旧，因绝缘强度不够而被工作电压击穿，被过电压（包括雷电过电压）击穿，外力损伤，误操作，接错电压，断线，鸟兽短路电线等。

二、事故经过

某企业新建了无人值班的 110/10.5kV 变电站，变电站 110kV 进线与主变压器安装在室外，10kV 母线及馈线全部由 10kV 全封闭金属铠装高压成套装置组成，安装在室内。某日，运行不到半年的 10kV 一段母线突然发生电弧短路。电弧短路发生点的柜体背面金属挡板被炸开，造成整条母线停电。

三、原因分析

（1）经检修人员检查后发现，电弧短路点烧痕最严重的是 B 相两根母排的连接处，而且该母排连接处螺栓被炸飞，进而判断当初安装过程中，此点的连接螺栓没有紧固，导致两根母排连接处松动，存在较大的接触电阻（如图 4-5 所示）。当电流流过该点时，松动的两根母排连接处开始发热、涨开，逐渐产生电弧。电弧突然变大，与相邻母排发生相间短路，是此次事故发生的直接原因。

（2）施工部门没有保证施工质量，在母排安装过程中未紧固螺栓，安装后检查不仔细留下隐患，是此次事故发生的主要原因之一。

（3）监理部门监管施工不力，也是此次事故发生的主要原因之一。

（4）业主单位验收人员责任心不强，没有仔细检查验收，是此次事故发生的重要原因。

图 4-5　连接螺栓没有紧固造成故障

四、吸取的教训

（1）金属铠装高压成套柜为封闭装置，投入运行后从外观上很难发现母线出现的问题，所以必须从安装质量这个源头抓起（如图 4-6 所示）。

（2）监理部门要有责任心，必须落实施工质量的监理，不能走过场。

（3）业主单位是用户，验收工作不得马虎，否则出事故损失的是自己。

图 4-6 从安装质量的源头抓起

五、整改措施

（1）施工部门必须保证安装质量，设备安装后应进行质量检查。

（2）监理人员针对此次事故，要吸取教训，会同施工部门把住质量关。

（3）设备验收要完全按照国家标准《电气装置安装工程高压电器施工及验收规范》执行。

（4）新设备投入运行期间，运行人员应缩短巡视周期，仔细看、听、嗅并记录新设备的工作状态，做到问题早发现、早解决。

六、思考题和提示

（1）高压设备在巡视过程中突然出现异常响动应当怎样处理？

提示：高压设备在巡视过程中突然出现异常响动，可能是事故先兆，也可能事故已经发生（如接地的拉弧）。此时应快速离开该地点，从远处或通过表计等装置观察情况的变化，防止高压电器爆炸事故发生。

（2）高压设备巡视有哪些种类？

提示：巡视分为定期巡视、特殊巡视、夜间巡视、故障巡视和监察巡视。

（3）为什么高压母线螺丝要定期紧固？

提示：可从母线因负荷变动，母线发热、冷却导致紧固螺丝松动方面去思考。

（4）如何确定无人值班的变电站的巡视周期？

提示：无人值班的变电站的巡视周期应根据本地情况决定，但每月不应少于2次。

案例四　35kV 断路器柜漏装均压弹簧造成变电站投运事故

一、理论

主母线室内安装三相矩形母线。各柜主母线经绝缘套管连接，主母线安装后，各柜主母线室之间被隔开。

悬浮电位产生后由于电压高、场强较集中，安装过程中如果不注意相关的工艺手段，会使周围固体介质烧坏或炭化，造成一定的电气设备运行事故。

二、事故经过

某年 5 月，新建的 220kV××变电站，值班人员正按照启动方案进行操作。当进行至合上 35kV 主变进线断路器柜向该段母线进行充电步骤时，突然从 35kV 断路器室内传来一阵持续的放电声，经值班人员和施工单位确认，放电声音是从柜内的母线室传出来的。第二天，××断路器柜厂服务人员到场后会同施工人员进行了断路器柜的开盖检查，发现两个断路器柜间的母排（此变电站 35kV 断路器柜采用单母线分段接线形式）在绝缘套筒处漏装了均压弹簧（如图 4-7 所示），经处理和重新耐压试验，第三天再次投运成功。

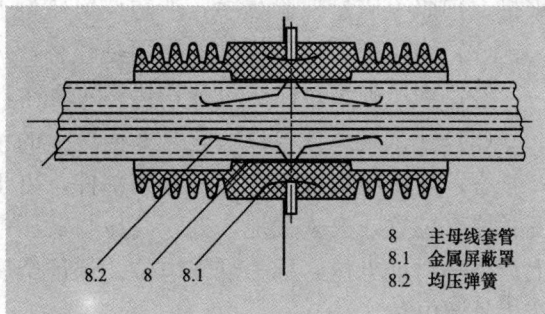

8　　主母线套管
8.1　金属屏蔽罩
8.2　均压弹簧

图 4-7　位于主母线穿墙套管中的均压弹簧

同年 7 月，调试人员在对 220kV××变电站 35kV 母排进行耐压试验过程中，发现在 I—IV 分段 I 段过渡柜有异常响声。开启该断路器柜母线后仓门后发现 B、C 相母排套管处均压弹簧也未安装。

三、原因分析

在安装母线时，在装入母线绝缘套筒过程中，施工人员在母线中应安装均压弹簧的地方漏装了该配件，属于安装的施工质量事故，漏装均压弹簧造成了断路器柜内母线和绝缘筒间产生悬浮电位，从而产生了电位差，造成导体对母线套管的放电。

四、吸取的教训

由于对均压弹簧的功能和作用没有足够的认识，缺少在施工过程中的质量控制环节，没有对隐蔽工程的相关检查、验证工作制度的落实，施工人员的责任心不够，最终造成此次事故的发生。

五、整改措施

（1）充分认识均压弹簧的功能和作用，把此工作编入工艺卡中。

（2）严格按工艺标准施工。

（3）对于重要的隐蔽工程，在安装过程中要保证一人安装的同时有一人进行检查、记录，责任落实到人，关键部位进行拍照留底备查。

（4）针对此次事故，召开质量讲评会，对主要责任人进行通报批评，以此为戒，举一反三，消除工程质量管理中的死角，避免类似事故再次发生。

六、思考题和提示

（1）什么是隐蔽工程？如何保证隐蔽工程的质量？

答：隐蔽工程是指地基、电气管线、接地线、母线等工程结束需要将电气设备覆盖、掩盖的工程。由于隐蔽工程的特性，我们在工作结束进行围土、封盖、灌浆等作业前，必须经过相关的质量签证工作，特别是重大的隐蔽工程必须组织验收、报批、拍照等质量检验程序，严防任何质量上的瑕疵给以后的运行带来隐患。

（2）均压弹簧在母线中的作用是什么？

答：均压弹簧是防止母线在运行过程中产生悬浮电位而设计的一种电气部件。

（3）什么是悬浮电位？它是如何产生的？怎样避免？

答：高压电力设备中某一金属部件，由于结构上或安装中的原因，在运行中改变了原有位置，失去接地，处于高压与低压电间，按其阻抗形成分压，在这一金属上产生一对地电位，称为悬浮电位。保证金属体连接可靠，使之等电位，就可避免产生悬浮电位。

（4）铠装式断路器柜柜间母线是怎样隔离的？

提示：贯通母线在柜间用金属板把绝缘套管隔开，相邻母线通过绝缘套管固定。这样连接，母线间所保留的空气缓冲，在出现内部故障电弧时，能防止其贯穿熔化，绝缘套管能有效地把事故控制在间隔内而不向其他柜蔓延。

案例五 SF₆ 35kV 母线通管腐蚀漏气引起接地故障

一、理论

SF_6 是无色、无味、无毒、不可燃、易液化、无腐蚀性的气体。SF_6 气体的绝缘性和灭弧能力强，绝缘强度约为空气的 2.33 倍，灭弧能力可达空气的 100 倍。但是，如果 SF_6 气体含水量过多，会造成水分凝结，使绝缘强度下降，容易引起设备故障。

二、事故经过

××变电站的工程结束交付运行三个多月后，发生 35kV 接地故障，经站内值班运行人员巡视发现，有个别 35kV 的母线通管有 SF_6 气体泄漏、含水量增加的现象，导致绝缘性能降低，使导电杆对外壳放电形成接地故障（如图 4-8 所示）。后经检查发现是通管在穿越楼板进行防火封堵处与封堵材料接触的部位发生腐蚀穿孔（如图 4-9、图 4-10 所示），造成 SF_6 的泄漏及空气中的水分进入。

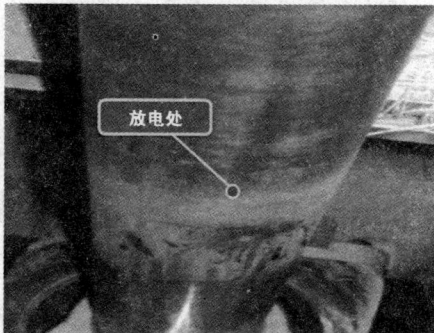

图 4-8　内部导电杆放电

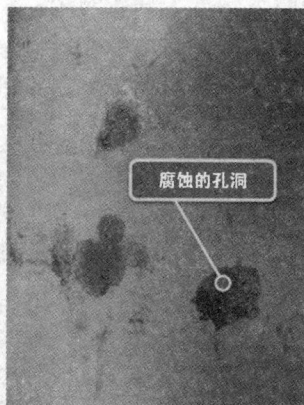

图 4-9　受腐蚀的绝缘母线外壳

三、原因分析

近年来，35kV GIS 断路器柜大量使用的 SF_6 封闭绝缘母线，均采用国外某公司生产的 SF_6 母线通管。该公司生产的 35kV 通管结构较为简单，一般采用单相布置，在合理使用期内只需进行通管内 SF_6 气体水分测试，一般不进行检修。通管中心位置是导电杆，为固定导电杆在通管内的相对位置，在导电杆上套装绝缘支持件。气控柜上布置有 SF_6 压力监视表，充气和抽真空的专用接头，通过铜管与封闭绝缘母线相连，形成气体连接通道。

投运前，母线的通管都要接受 SF_6 气体的泄漏试验（定性和定量试验），以满足设备对运行可靠性的要求,然而为什么交付运行仅仅几个月后就漏气呢?经过现场的仔细排查发现,通管在穿越楼板进行防火封堵处与消防封堵的无机堵料接触后产生了腐蚀现象,使外壳穿孔。

经分析得出以下结论:消防无机堵料是碱性的;单相母线结构当导体有交流电通过时会在金属外壳中产生感应电流,因此外壳必须接地;在封堵处母线外壳直接和无机堵料接触,此点也就接地了,接地电流在此有分流存在,通管的铝外壳和碱性无机堵料在电流作用下产生电腐蚀,使管壁慢慢腐蚀穿孔。

现场检查发现通管被锈蚀处留有一定的积液(封堵材料成黏湿状态),推断此积液是电解后形成的。通管的金属外壁在作为导体的情况下,只要通管运行,外壳就有接地电流流过,管壁和堵料只有油漆隔绝,油漆安装时的损坏和时间的关系,以及空气中的水汽作用,使之成为接地分流,在电流作用下最终造成通管壁电腐蚀并穿孔。

四、吸取的教训

(1) SF$_6$ 通管穿越楼板不能用无机消防封堵材料直接封堵(如图 4-11 所示),应选用防火板或金属板封堵。

(2) 如必须封堵较小缝隙,要在通管外用绝缘材料隔离后再用有机堵料封堵。

(3) 运行中,加强值班员的巡视,监视 SF$_6$ 压力的变化。

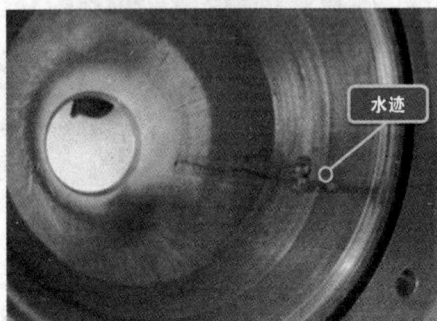

图 4-10　绝缘母线外壳内壁水迹

图 4-11　绝缘母线穿楼板封堵图

五、整改措施

(1) 安装现场派专人负责对封堵材料进行验收。

(2) 该公司通管的防火封堵采用以下的方式:

1) 垂直面封堵。由于垂直面不需要承受重量,可使用防火板或不锈钢板封堵。

2) 水平面封堵。由于水平面可能需要承受一定的重量,故可在下平面使用防火板封堵,坑内用防火包填实,然后在上平面使用轧花钢板固定(要注意的是轧花钢板不能形成磁回路)。

3）加强对运行变电站值班员巡视制度的考核检查力度。

六、思考题和提示

（1）什么是 SF_6 的定性及定量检漏？

提示：

1）定性检漏：仅作为判断气室漏气与否的一种手段，是定量检漏前的预检。用灵敏度不低于的 SF_6 检漏仪检漏，无漏点则认为密封性能良好。

2）定量检漏：通常采用扣罩法、挂瓶法、局部包扎法等方法。计算出年漏气率不大于 1%。由于计算繁琐无法进行，以每个包扎点包扎时间 5h 为例，一般测量值小于 30ppm 为合格。

（2）合格 SF_6 气体的含水标准是多少？

提示：新气含水量＜64uL/L；新安装设备：灭弧气室＜150uL/L，其他气室＜250uL/L；运行设备：灭弧气室＜300uL/L，其他气室＜500uL/L。

（3）SF_6 密度继电器的作用是什么？

提示：SF_6 设备内充的 SF_6 气体，从气体状态方程式中得知，气体的体积不变，压力与温度成正比，即气体温度增高，压力增大。由于温度的变化，压力变化也很大（$P1/T1=P2/T2$），压力计因温度的变化而不能正确地反映 GIS 设备气室是否漏气。而充入气室内的 SF_6 的质量是不变的，所以密度也是不变的，即 W/V 是不随温度变化的，因此用密度继电器来监视设备内的 SF_6 气体密度变化情况来判别设备是否漏气。当出现漏气，密度就会变小，到一定值时触点闭合或断开就会报警或闭锁开关动作。

（4）目前常用的 SF_6 密度继电器有哪几种？

提示：常用的 SF_6 密度继电器有两种——双金属片密度继电器和标准气室比较密度继电器。

案例六 超负荷低压断路器频繁跳闸， 断路器柜烧坏

一、理论

在对称三相交流电路中，当各相电压、相电流的有效值相等时，功率因数 $\cos\varphi$ 也相等。

三相总有功功率：$P=3U_pI_p\cos\varphi$ 或 $P=\sqrt{3}U_LI_L\cos\varphi$

三相总无功功率：$Q=3U_pI_p\sin\varphi=\sqrt{3}U_LI_L\sin\varphi$

三相总视在功率：$S=3U_pI_p=\sqrt{3}U_LI_L$

低压断路器的额定电压和额定电流应不小于线路正常工作的电压和计算负荷电流。选择断路器的标准一般是计算负荷电流不大于断路器额定电流的 80%。

二、事故经过

某公司新建成的商务办公楼装有两套空调系统，1—4 层、16—20 层用一个系统，5—15 层用一个系统。高低层系统装有 KAPPA. V2001/HP/ST 50.2 机组 3 台，中区层系统装有 KAPPA. V2001/HP/ST 55.2 机组 3 台。在 6 月份进行中央空调制冷调试时，频繁发生低压断路器跳闸故障，于是工作人员把定值从原来的 80% 调到 100%，使断路器不再频繁跳闸。由于断路器长期超负荷运行，一个抽屉式断路器接插件烧坏（如图 4-12、图 4-13 所示）。

图 4-12 抽屉上烧坏的插头

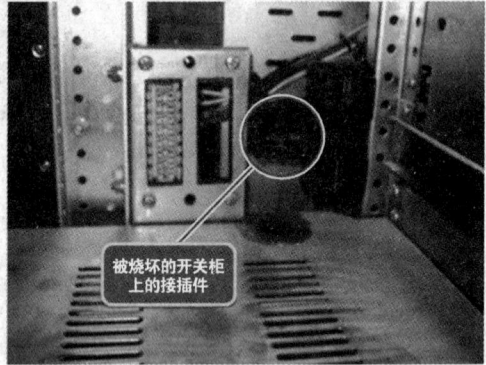

图 4-13 柜体上烧坏的插座

经查，ST 50.2 机组每台功率 214kW，ST 55.2 机组每台功率 199kW；电源断路器柜配用 400A 抽屉式断路器，电压 380V。后与设计单位联系，改换成 630A 抽屉式断路器，空调正常运行。

三、原因分析

（1）在电源配置时，设计是按"机组合同技术文件《技术问题细节确认》提供

的电流参数，ST 50.2 机组总电流 283.7A，ST 55.2 机组总电流 310A"进行的。而实际设备调试时测得的实际电流为：ST 50.2 机组制冷时最大运行电流 398A，稳定时电流 384A，ST 55.2 机组制冷时最大运行电流 416A，稳定时电流 398A 左右。断路器容量选择太小是此次故障发生的直接原因。

（2）设备现场检查的数据：ST 55.2 机组，每台功率 214kW，其中，90kW 压缩机两台，18kW 循环泵一台，2kW 风扇八台；ST 50.2 机组每台功率 199kW，其中，90kW 压缩机一台，75kW 压缩机一台，18kW 循环泵一台，2kW 风扇八台。

按功率因数 0.8，经计算，ST 55.2 机组的电流要达到 387A，而实际此类空调功率因数在 0.7～0.8 之间，因此实际电流还要更大。

设备从安装到调试经历近 5 个月的时间，参数完全可以在设备上查到，根据设备的功率情况进行计算完全可以在安装初期对电源断路器进行扩容，但设计单位没有进行核实验算，是此次故障发生的主要原因。

四、吸取的教训

（1）低压断路器负荷不能超载，长期超载会使设备损坏。

（2）为安全用电，负荷要控制在额定电流的 80% 以下，如容量不能满足要求，就要更换大容量的断路器。

五、整改措施

（1）在安装电源时要考虑用电设备的负荷情况，发现和原设计情况不符的，应及时进行计算，核算断路器容量是否足够。

（2）对 6 台空调的电源断路器全部进行增容，把 400A 断路器换成 630A 的断路器（如图 4-14 所示），包括抽屉式接插件也要更换。

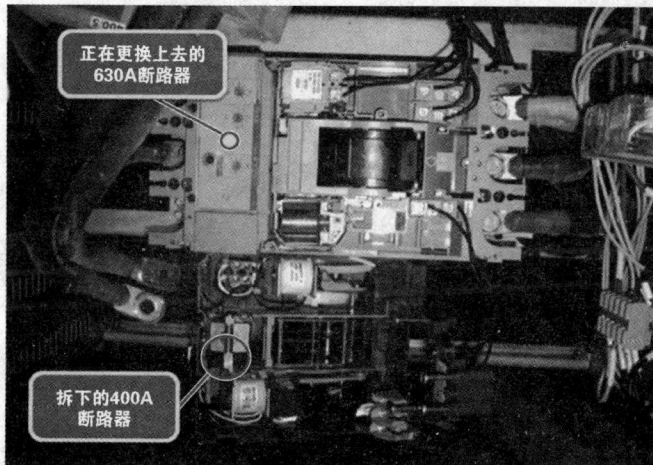

图 4-14　把 400A 的断路器更换成 630A 的断路器

六、思考题和提示

（1）三相 380V 的空调有功功率 214kW，当设备的功率因数是 0.8 或 0.7 时，总负荷电流各是多少？

提示：总负荷电流包括有功电流和无功电流。

（2）低压断路器容量一般应当如何选择？

提示：低压断路器的额定电压和额定电流应不小于线路正常工作的电压和计算负荷电流。选择断路器的标准一般是计算负荷电流不大于断路器额定电流的 80%。

（3）什么是交流电的有功功率？

提示：有功功率是保持用电设备正常运行所需的电功率，也就是将电能转换为其他形式能量（机械能、光能、热能）的电功率。三相总有功功率 $P = 3U_\mathrm{p}I_\mathrm{p}\cos\varphi$ 或 $P = \sqrt{3}\,U_\mathrm{L}I_\mathrm{L}\cos\varphi$，单位 W（瓦）。

（4）什么是交流电的视在功率？

提示：视在功率是指发电机发出的总功率，其中可以分为有功部分和无功部分。三相总视在功率 $S = 3U_\mathrm{p}I_\mathrm{p} = \sqrt{3}U_\mathrm{L}I_\mathrm{L}$，单位 VA（伏安）。

案例七 带接地投运导致系统低电压故障并烧坏设备

一、理论

倒闸操作必须遵循规定的基本原则，严格按规范化的倒闸操作程序要求进行，不得越级或跳跃进行。

倒闸操作必须正确，不能发生误操作事故，否则后果不堪设想。轻则造成设备损坏，部分停电；重则造成人身伤亡，导致大面积停电。

电气设备要实现"五防"：防止带负荷拉隔离开关、防止带接地线（接地刀）合闸、防止带电挂接地线（合接地刀）、防止误拉合断路器、防止误入带电间隔。

二、事故经过

某公司承接 220kV 线路扩建工程于某年 4 月正式开工，经过连续工作，设备基本安装完成。由于无法确定送电日期，在征得建设单位同意后，现场施工人员于 5 月 26 日暂时撤出××变电站。

6 月 2 日至 9 日，××变电站旁母线及正母线由于运行单位有检修任务，有一周停电周期，运行单位为避免以后多次安排停电，希望能把后面旁母线的连接工作提前进行。站长通知施工负责人将施工线路旁路隔离开关与旁路母线搭头工作在 6 月 9 日前完成。于是，施工负责人在 6 月 6 日开出第一种工作票，并安排施工人员于 6 月 7 日进场施工。施工线路旁路隔离开关和旁路母线的搭线施工于下午结束，但原隔离开关施工防感应电的临时接地线（4mm² 多股软铜胶质线）未拆除。

在变电站当值值班员对新做导线的相位、隔离开关支持绝缘子及场地的清洁等情况进行了检查后，办理了工作票终结手续。

6 月 9 日晚，220kV××变电站运行单位旁路母线检修完成服役时发生旁路母线接地短路，导致系统低电压故障并烧坏设备。

接线情况、事故现场照片如图 4-15、图 4-16、图 4-17 所示（其他设备不在图中显示）。

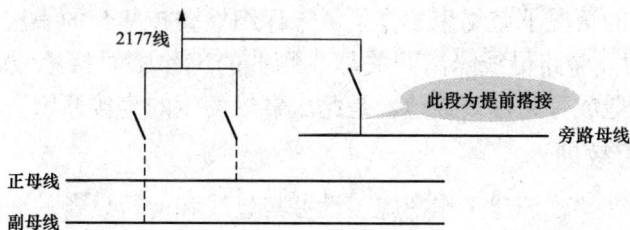

图 4-15 2177 线正、副母线隔离开关，旁路母线隔离开关接线图

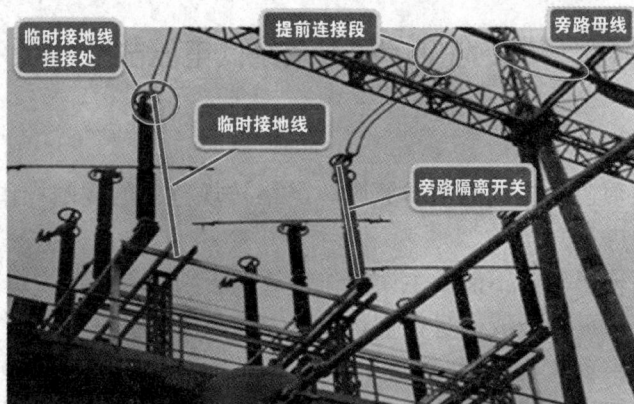

图 4-16　2177 线旁路隔离开关和旁路母线连接后防感应电的临时接地线拆除

三、原因分析

（1）没有严格执行"改扩建工作中施工设备与母线和运行设备的连接应断开，施工应先完成与运行设备无关的部分，无论是一次设备安装还是二次电缆接入，其电源侧的接入必须在启动前的专项停电配合施工中执行"的原则。施工技术人员在设备安装未完成的情况下擅自同意提前接入要运行的旁路母线，是此次事故发生的主要原因，也为以后旁路母线隔离开关的施工埋下了触电的隐患。

图 4-17　2177 线旁路隔离开关烧坏的绝缘子

（2）该扩建工程的施工管理不严密，施工前也没有完整周密的停电施工计划和停电接入计划。站长提出为减少运行操作工作，利用旁路母线停电检修这一周期，把在建的设备接入运行母线，在未得到市调、高调同意的情况下随意改变工作内容，是本次事故发生的重要原因。

（3）停电施工结束时，当值值班人员在明知此部分服役后将带电，原采取的临时接地线未拆除的情况下就结束工作票，未仔细检查扩建仓的一次设备状况，没发现 220kV 扩建间隔旁路母线隔离开关母线侧挂的工作临时接地线，汇报市调允许旁路母线服役，造成旁路母线接地，是此次事故发生的直接原因。

四、吸取的教训

（1）必须遵守"改扩建工作中施工设备与母线和运行设备的连接应断开，施工应先完成与运行设备无关的部分，无论是一次设备安装还是二次电缆接入，其电源侧的接入必须在启动前的专项停电配合施工中执行"的原则。

（2）必须加强对施工技术人员的技术培训，使之不仅要熟知施工安装技术，还要充分、及时了解所建工程的运行状态及系统状态。

（3）停电工作结束，必须按规程规定将工器具、材料清理干净，拆除全部接地线，人员全部撤离现场后才可结束工作票。

五、整改措施

（1）加强对技术人员的培训，改扩建工作必须遵守以下原则：改扩建工作应先完成与运行设备无关的部分，无论是一次设备安装还是二次电缆接入，其电源侧的接入总是在启动前的专项停电配合施工中执行。

（2）以此事故为鉴，举一反三，检查其他改扩建工程是否存在随意扩大工作范围的现象，并要摆正热情服务与遵守工作程序和安全规程的关系。

（3）对工作接地线进行全面整顿，临时接地线的使用也要符合安规的规定，加强管理措施做好编号和使用记录。

六、思考题和提示

（1）电气设备"五防"是什么？

提示：防止带负荷分、合隔离开关、防止带接地线（接地开关）合闸、防止带电挂（合）接地线（接地隔离开关）、防止误分、合断路器、防止误入带电间隔。

（2）停电工作结束后，怎样完成结束工作？

提示：停电工作结束，必须按规程规定将工器具、材料清理干净，拆除全部接地线，人员全部撤离现场后才可结束工作票。

（3）对改扩建施工的设备和运行设备的连接有什么规定？

提示：改扩建工作中施工设备与母线和运行设备的连接应断开，施工应先完成与运行设备无关的部分，无论是一次设备安装还是二次电缆接入，其电源侧的接入必须在启动前的专项停电配合施工中执行，不得提前接入。

（4）变电站对接地线的管理要求是什么？

提示：每组接地线均应编号，并存放在固定地点。存放位置亦应编号，接地线号码与存放位置号码应一致。装、拆接地线，应做好记录，交接班时应交代清楚。

案例八　电容器在保护回路中的应用

一、理论

图 4-18 所示的是正常的硅整流加储能电容作为直流操作电源，如果维护不当，例如电容失效，就有可能出现断路器拒动，酿成重大电气事故，甚至引起电气火灾。

二、事故经过

某企业有一台从国外引进 10/0.4kV 变压器，变压器保护方式也是由国外设计。由于该变压器为独立应用，所以整个保护回路采用变压器进线的交流电源，不设蓄电池装置（其原理如图 4-19 所示）。一日，生产人员发现变压器 400V 电源异常。经电气人员检查，变压器 10kV 的 A 相高压熔断器已经熔断，造成变压器 400V 侧电压异常。一般情况下，变压器高压熔断器熔断时，变压器保护回路应当跳电，仔细查看保护回路的储能电容器装置，发现信号灯熄灭，原保护回路没有电源。原储能电容器已经部分破损，电容量大大减小，无法保证跳闸回路能量的需求，变压器只能手动停电。

图 4-18　正常的硅整流加储能电容器

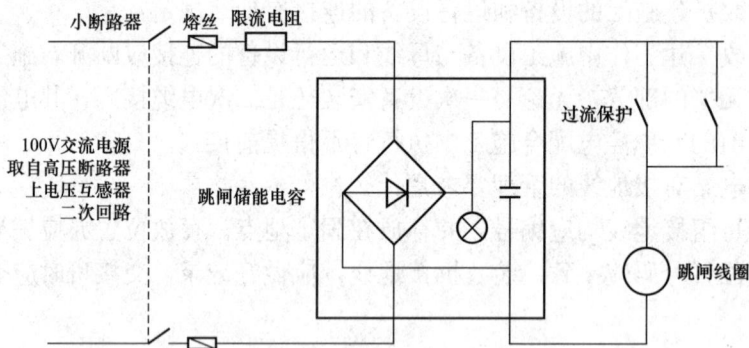

图 4-19　交流电源演变直流储能电源保护原理简图

三、原因分析

（1）储能电容器破损，导致电容器无法储存足够的电容量，是变压器不能跳电的直接原因。

（2）提供储能电容器交流电源的电压互感器安装在断路器 10kV 高压 A、B 两相上，A 相熔断器熔断，导致电压互感器失电，保护回路电压消失是变压器不能跳电的重要原因。

（3）电气人员平时没有仔细巡检变压器保护回路也是事故发生的原因之一。

四、吸取的教训

（1）高压电气设备采取交流操作方式，相比直流蓄电池方式节省费用，并且简单，但可靠性不如直流蓄电池，所以平时必须加强巡检。

（2）交流（直流）储能电源来自断路器上电压互感器 A 相、B 相电压，所以储能电容器一定要完好。当 A、B 两相熔断器任意熔断一相，储能电容才能有足够的能量对跳闸线圈放电。

图 4-20 储能电容器要纳入日常巡检内容

五、整改措施

（1）更换已经破损的储能电容器。购买容量、电压相等的电容器修复损坏元件，同时更换熔断的 A 相高压熔断器。

（2）将储能电容器纳入日常巡检内容（如图 4-20 所示）。

六、思考题和提示

（1）本案例中的储能电容器铭牌上注明电容为 $821\mu F$，直流电压 135V，如何计算电容器储存的电场能量？

提示：电容 $C=821\mu F=0.000821F$，直流电压 135V，电场能量

$$W_c=CU^2/2=0.000821\times135^2/2=7.48J=7.48W/s$$

（2）为什么上题计算的电容器电场只有 7.48W/s 可以驱动一个跳闸线圈？

提示：储存的能量释放大小与释放的时间有关，即时间越短，释放能量越大。

（3）案例保护回路图中电源是交流 100V，而电容器直流电压是 135V，这是怎么回事？

提示：交流电源 100V 是有效值，峰值是有效值的 1.41 倍，即 141V。交流电源全波整流后直流峰值是 141V×0.9＝126.9V（0.9 是整流系数）。而电容器储存的是直流峰值，所以电容器上标直流电压 135V。

（4）案例保护回路图中的限流电阻起什么作用？

提示：电容充电电流属反时限特性，即初期电流很大，随充电时间延长电流很快衰减。为防止电容器充电初期电流烧坏熔断器，所以串一个电阻限流。

案例九　高压成套配电装置上错误操作导致带电合接地隔离开关

一、理论

高压成套配电装置是由制造厂成套供应，运抵现场后组装而成的高压配电装置。它将电气主电路分成若干个单元（每个单元即一条回路），将每个单元的断路器、隔离开关、电流互感器、电压互感器，以及保护、控制、测量等设备集中装配在一个整体柜内（通常称为一面或一个高压断路器柜），根据电气主接线的要求，选择所需的功能单元，由多个功能单元（高压断路器柜）在发电厂、变电站或配电站安装后组成的配电装置称为成套配电装置。

三工位隔离开关作为母线隔离开关和馈线接地开关，当用作线路侧接地开关时通过机械连锁断路器能自动快速实现接地功能。

二、事故经过

××变电站 35kV 为双母线分段方式，采用德国某公司的高压成套配电装置。每一段母线有一组电压互感器（仅用隔离开关连接，无断路器），35kV 母线上无避雷器，过电压的释放靠主变压器 35kV 避雷器。线路回路仅有一个母线隔离开关，无线路隔离开关。

某日，值班人员接到调度令，将一母线从运行改检修。在倒母线时，电气操作失灵，于是值班人员便实施手动操作。

当值班人员在用专用摇手柄操作合闸母线隔离开关时，随着一声巨响，顿时烟雾弥漫，发生了母线三相接地短路事故。随即，当值人员发现有设备烧毁（如图 4-21 所示）。原来，所有母线隔离开关均为三工位隔离开关，即合闸、断开和接地。专用摇手柄顺时针方向旋转是隔离开关分、接地隔离开关合，专用摇手柄逆时针方向旋转是隔离开关合、接地隔离开关分。操作接地开关时，值班人员本应将专用摇手柄逆时针方向旋转，实际却是顺时针方向旋转，结果造成了带电合接地开关的恶性误操作事故（如图 4-22 所示）。

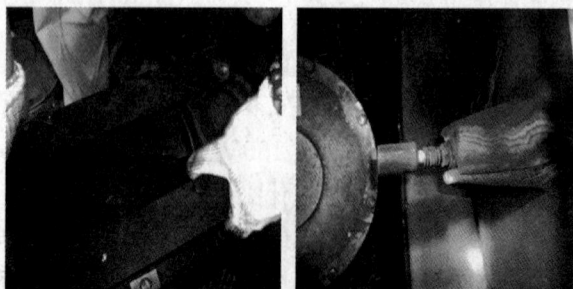

图 4-21　烧毁的设备

三、原因分析

（1）值班人员对三工位隔离开关的结构和性能掌握不够，盲目进行手动操作，是此次事故发生的主要原因。

（2）该断路器在设计上考虑不够周全，在手动操作时缺乏机械闭锁也是此次事故发生的重要原因之一。

四、吸取的教训

（1）加强人员培训，提高运行人员掌握新设备的技术水平。

（2）改进此断路器的结构，从技术上采取防误操作的措施。

手动操作方向反了

图 4-22　值班人员错误操作

五、整改措施

目前，公司已经对此类断路器进行了改进，隔离开关仓面板上装有线路模拟图和手动操作装置，左侧是母线隔离开关的手动操作，右侧是断路器母线侧接地隔离开关的手动操作。手动操作前一定要选择好手动操作的设备，是母线隔离开关还是断路器母线侧接地隔离开关。

双臂操作柄操作：

母线隔离开关：突出部分在左，键槽在顶部。接地隔离开关：突出部分在左，键槽在右。事故操作：没有突出部分，键槽有标记。

母线隔离开关分闸操作：插入双头钥匙，顺时针旋转到止位（母线隔离开关操作孔露出），水平持住母线隔离开关的双臂操作柄（突出部分在右），滑进六角轴直到止住并逆时针旋转180°，隔离开关分，拔下操作柄，逆时针方向转回双头钥匙，并拔下（母线隔离开关的操作孔合上）。

母线隔离开关的合闸操作：插入双头钥匙，顺时针旋转到止位（母线隔离开关操作孔露出），水平持住母线隔离开关的双臂操作柄（突出部分在左），滑进六角轴直到止住并顺时针旋转180°，隔离开关合，拔下操作柄，逆时针方向转回双头钥匙，并拔下（母线隔离开关的操作孔合上）。

接地隔离开关分闸操作：插入双头钥匙，逆时针旋转到止位（接地开关操作孔露出），水平持住用于接地隔离开关操作（红色的）的双臂操作柄（突出部分在右），滑进六角轴直到止住并逆时针旋转180°，接地隔离开关分，拔下操作柄，顺时针方向转回双头钥匙，并拔下（接地隔离开关的操作孔合上）。

接地隔离开关合闸操作：插入双头钥匙，逆时针旋转到止位（接地隔离开关操作孔露出），水平持住用于接地隔离开关操作（红色的）的双臂操作柄（突出部分在左），滑进六角轴直到止住并顺时针旋转 180°（突出部分在右，接地隔离开关合），拔下操作柄，顺时针方向转回双头钥匙，并拔下（接地隔离开关的操作孔合上）。

如果电动机电源失压且母线隔离开关、接地隔离开关在不定义的操作位置，即不在分闸位置也不在合闸位置，这时用事故操作柄操作，联锁部分将不起作用，即无机械闭锁。注意：事故操作柄是红色的，无突出部分，键槽有标记。平时要放在站长室的专用保管箱内锁上，保管箱钥匙要放入解锁专用信封中，使用时要按照五防解锁规定执行，并且站长必须到场。事故操作后要马上重新封存保管。使用时插入并转动双头钥匙按照前面的介绍进行预选，顺时针是母线隔离开关操作，逆时针是进行接地隔离开关操作；将双臂操作柄（没有突出部分，键槽在外侧做了标记）插入相应的六角轴（母线隔离开关或接地隔离开关）以使六角轴的孔与操作柄的键槽相匹配。转动方向，逆时针是分，顺时针是合。

六、思考题和提示

（1）什么是高压成套配电装置？

提示：高压成套配电装置是由制造厂成套供应，运抵现场后组装而成的高压配电装置。它将电气主电路分成若干个单元（每个单元即一条回路），将每个单元的断路器、隔离开关、电流互感器、电压互感器，以及保护、控制、测量等设备集中装配在一个整体柜内（通常称为一面或一个高压断路器柜），根据电气主接线的要求，选择所需的功能单元，由多个功能单元（高压断路器柜）在发电厂、变电所或配电所安装后组成的配电装置称为成套配电装置。

（2）什么是三工位隔离开关？

提示：三工位隔离开关作为母线隔离开关和馈线接地开关，当用作线路侧接地开关时通过机械连锁断路器能自动快速实现接地功能。

（3）高压断路器的用途是什么？

提示：高压断路器是高压电器中最重要的设备，是一次电力系统中控制和保护电路的关键设备。它在电网中的作用：一是控制作用，即根据电力系统的运行要求，接通或断开工作电路；二是保护作用，当系统发生故障时，在继电保护装置的作用下，断路器自动断开故障部分，以保证系统无故障部分的正常运行。

（4）什么情况下采用事故操作？

提示：如果电动机电源失压且母线隔离开关、接地隔离开关在不定义的操作位置，即不在分闸位置也不在合闸位置，这时用事故操作柄操作，联锁部分将不起作用，即无机械闭锁。

（5）某公司对高压成套配电装置做了哪些改进？

提示：目前，某公司已经对此类断路器进行了改进，隔离开关仓面板上装有线路模拟图和手动操作装置，左侧是母线隔离开关的手动操作，右侧是断路器母线侧接地隔离开关的手动操作。手动操作前一定要选择好手动操作的设备，是母线隔离开关还是断路器母线侧接地隔离开关。双臂操作柄操作注意：母线隔离开关，突出部分在左，键槽在顶部；接地隔离开关，突出部分在左，键槽在右；事故操作，没有突出部分，键槽有标记。

案例十 隔离开关上桩头连接部接触不良造成三相短路

一、理论

隔离开关没有专门的灭弧装置，因此不允许用它带负载进行分闸或合闸操作。隔离开关分闸时，必须在断路器切断电路之后才能再拉隔离开关；合闸时，必须先合上隔离开关后，再合上断路器接通电路。

需要检修电气设备时，要用隔离开关与电网的带电部分可靠地隔离，使被检修的电气设备与电源有明显的断开点，以保证检修时工作人员和设备的安全。

在双母线运行的电路中，可以利用隔离开关将设备或线路从一组母线切换到另一组母线上。

隔离开关虽然没有专门的灭弧装置，但在分闸过程中可以切断小电流，因动、静触头迅速拉长电弧的灭弧原理，可以使触头间电弧熄灭。

二、事故经过

某日气候潮湿闷热，突然听到配电房内一声巨响，随后全公司停电。公司经理找来电工，请他马上去配电房查明原因。电工打开配电房的门时，迎面而来的是一股难闻的刺鼻焦臭味。经检查发现，补偿电容柜隔离开关上的桩头胶木底座已完全炭化，并且有明显的三相短路痕迹（如图4-23所示）。

三、原因分析

对电容柜进行细致检查，发现隔离开关胶木底座完全炭化。造成隔离开关胶木底座炭化的原因是断路器与导线连接螺丝松动（如图4-24所示），增加了接触电阻，引起长时间过热，直至胶木底座完全炭化，发生三相短路。

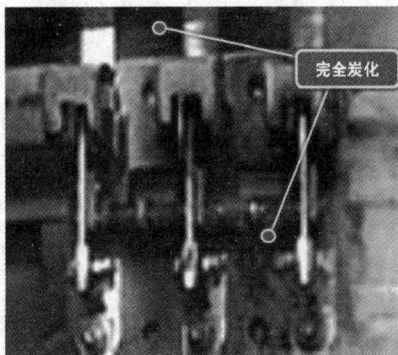

图 4-23 三相短路痕迹

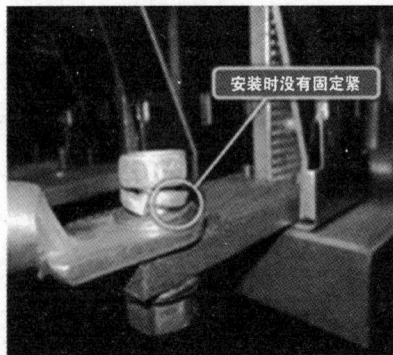

图 4-24 螺丝松动放大图

四、吸取的教训

（1）要检查断路器电源侧和负荷侧，进出线端子与断路器连接处压接是否牢固，有无接触不实。

（2）要检查负荷电流是否超过断路器的额定电流。

（3）要检查隔离开关动、静触点连接是否不实，静触闭合力是否不够或隔离开关合闸是否到位。

（4）要检查绝缘连杆、底座等绝缘部分有无损伤和放电现象。

（5）要检查隔离开关三相闸刀在合闸时，是否同时接触或分开，触点接触是否紧密。

（6）隔离开关操作机构应完好，动作应灵活，断开、合闸位置应准确到位，顶丝、销钉、拉杆等均应完好，无缺损、断裂。

五、整改措施

（1）隔离开关刀片、刀座在运行中被电弧烧坏或铁壳开关速断弹簧的压力调整不当，引起触点接触不良而过热，甚至熔焊。应及时对动、静触点进行修磨，要求接触良好（如图 4-25 所示）。

（2）检查弹簧的弹性，设法做到将转动处的防松螺母或螺钉调整适当，使弹力维持刀片、刀座的动、静触点间的紧密接触与瞬间开合。

图 4-25　检查各紧固件是否松动

（3）隔离开关刀片与刀座表面易产生氧化层，造成接触电阻增大或由于隔离开关刀片动、静触点插入深度不够，使隔离开关的载流量降低，也会引起触点过热甚至熔焊。因此，应及时清除隔离开关刀片、刀座的氧化层，使隔离开关刀片的插入深度符合要求。

六、思考题和提示

（1）隔离开关安装及使用时应注意哪些事项？

提示：隔离开关的刀片应垂直安装。双投开关在分闸位置时，应将刀片可靠地固定，不能使刀片有自行合闸的可能。动触头与静触头间应有足够大的接触压力，以免接触不良，刀片过热损坏。合闸操作时，各刀片应同时顺利地投入静触头的钳口且各极进入钳口的深度一致，不应有卡阻现象。隔离开关的底板绝缘良好，隔离开关的接线端子应接触良好。带有快分触头的隔离开关，各相的分闸动作应迅速一致。隔离开关垂直安装时，手柄向上时为合闸状态，向下时为分闸状态。其操作应灵活、可靠。

（2）隔离开关的主要作用是什么？

提示：隔离电源，改变运行方式进行倒闸操作，拉、合小电流电路。

（3）隔离开关巡视检查有哪些内容？

提示：操作手柄位置与运行状态是否相符，闭锁机构是否正常。各连接桩头接触是否良好，有无发热现象。三相动触头位置与运行状态是否相符，分闸时三相动触头是否在同一平面。合闸时动、静触头接触是否良好且接触面一致。绝缘部分是否完好无损，有无破损及闪络放电痕迹。传动部分有无扭曲变形、轴销脱落现象。

 案例十一　隔离开关拉杆三相受力不均匀导致故障

一、理论

隔离开关没有灭弧装置，不允许用它带负荷进行分闸或合闸操作。隔离开关巡视时应注意绝缘部分是否完好无损，有无破损及闪络放电痕迹，导电部分有无发热、发红症状，机械连接部分有无销子脱落等异常现象。

通电导体在磁场中将受到力的作用，磁场越强，所受的力就越大，磁场越小，所受的力就越小；导体通过的电流大，所受的力就大，通过的电流小，所受的力就小。

二、事故经过

××变电站 35kV 母线接线如图 4-26 所示。该变电站运行方式如下：WL1、WL2、1 号主变压器运行于Ⅰ段母线，WL3、WL4、2 号主变压器运行于Ⅱ段母线，分段兼旁路 300 断路器母联热备用（300 断路器代路保护定值有代任一线路定值，紧急情况下代 WL1 线、WL3 线可临时作为代 2 条线路定值）。1 号、2 号主变压器配置 35kV 时限速断（经复合电压闭锁）0.9s 跳本侧。

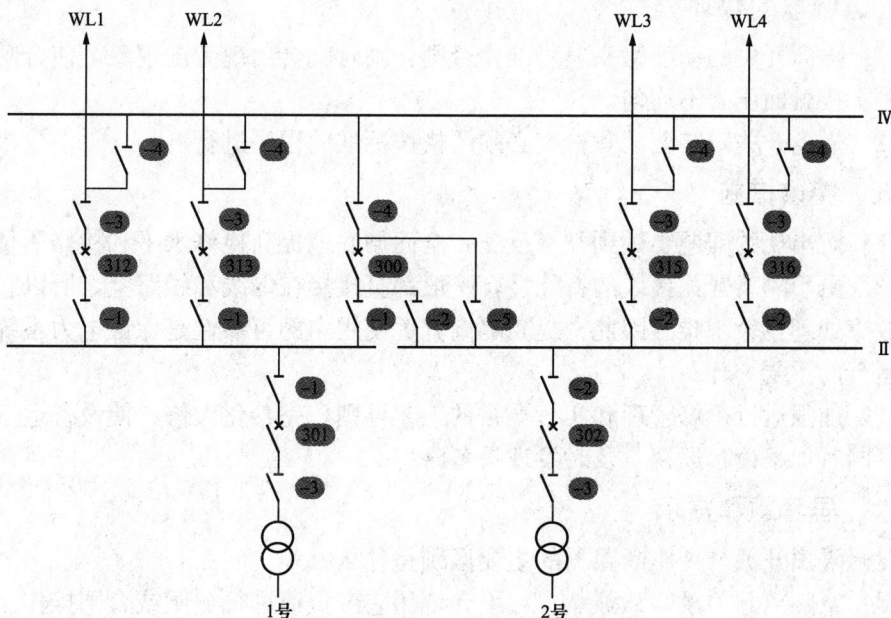

图 4-26　某变电站 35kV 母线接线图

某日 3：15，1 号主变压器 301 断路器时限速断保护动作跳开 301 断路器，Ⅰ段母线失压，WL1、WL2 线路失电。

值班人员现场检查发现 301-1 隔离开关绝缘子炸裂，如图 4-27 所示。

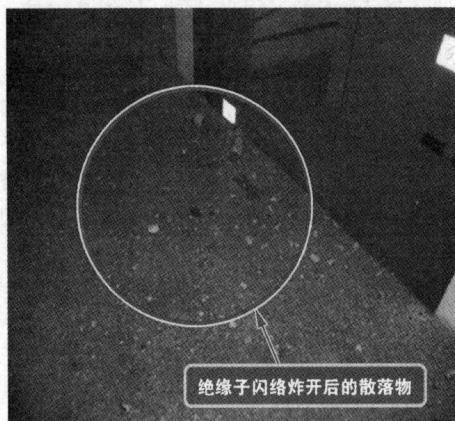

绝缘子闪络炸开后的散落物

图 4-27　隔离开关绝缘子炸裂现场

查明故障点后，值班人员立即汇报调度，并根据调度指令隔离故障点：线路 WL1、WL2 由旁路 300 断路器送电——拉开 WL1 线路 312 断路器及两侧隔离开关、WL2 线路 313 断路器及两侧隔离开关、分段兼旁路 300-1、300-5 隔离开关。核对分段兼旁路 300 断路器为代 WL1 线保护定值已投入。合上分段兼旁路 300-2、300-4、WL1 线 312-4、WL2 线 312-4 隔离开关。合上母旁 300 断路器，WL1、WL2 线路送电。35kV Ⅰ段母线停电处理故障。

三、原因分析

隔离开关拉杆三相受力不均匀，导致操作后绝缘子产生裂纹而出现绝缘子闪络炸开。

四、吸取的教训

（1）隔离开关的动静触头应对准，否则合闸时就会出现旁击现象，使合闸后的动静触头接触面压力不均匀。

（2）隔离开关安装调试和检查必须严格按标准的程序进行。

五、整改措施

（1）对出现的问题要做到举一反三，全面彻底地提高检修水平和检修质量。

（2）由于隔离开关接线的特殊性，一般都直接接在母线和线路上，所以它带电进行故障处理比较困难。因此，提高隔离开关使用中的可靠性是保证电力系统安全稳定运行的重要一环。

（3）加强运行检修管理和实行严格的工艺导则，完善化大修，使设备运行状况良好。同时加强设备巡视，及时发现设备隐患。

六、思考题和提示

（1）隔离开关与高压断路器的主要区别是什么？

提示：隔离开关没有灭弧装置，不允许用它带负荷进行分闸或合闸操作。

（2）隔离开关巡视时应注意什么？

提示：隔离开关巡视时应注意绝缘部分是否完好无损，有无破损及闪络放电痕迹，导电部分有无发热、发红症状，机械连接部分有无销子脱落等异常现象。

（3）什么是沿面放电？影响沿面放电电压的因素有哪些？

　　提示：在实际绝缘结构中，固体电介质周围往往有气体或液体电介质，例如线路绝缘子周围充满空气，油浸变压器固体绝缘周围充满变压器油。在这种情况下，放电往往沿着两种电介质交界面发生，这种放电称为沿面放电。

　　影响沿面放电电压的因素主要有：电场的均匀程度、介质表面的介电系数的差异程度、有无淋雨、污秽的程度。

　　（4）在本次事故中绝缘子产生裂纹的主要原因是什么？

　　提示：隔离开关拉杆三相受力不均匀，导致操作后绝缘子产生裂纹而出现绝缘子闪络炸开。

　　（5）本次事故发生后是如何隔离故障点恢复送电的？

　　提示：根据调度指令隔离故障点：线路 WL1、WL2 由旁路 300 断路器送电——拉开 WL1 线路 312 断路器及两侧隔离开关、WL2 线路 313 断路器及两侧隔离开关、分段兼旁路 300-1、300-5 隔离开关。核对分段兼旁路 300 断路器为代 WL1 线保护定值已投入。合上分段兼旁路 300-2、300-4、WL1 线 312-4、WL2 线 312-4 隔离开关。合上母旁 300 断路器，WL1、WL2 线路送电。35kV Ⅰ段母线停电处理故障。

案例十二 进口的 35kV SF₆ 通管内部放电

一、理论

当两个带电物体互相靠近时，尽管两个带电物体没有直接接触，但相互之间却存在着作用力，说明带电物体周围的空间存在一种特殊物质，这种特殊物质称为电场。

电路中任意两点之间电位的差值称为电位差，电位差是产生电流的原因。

高压电力设备中某一金属部件，由于结构上的原因经运输过程或运行中造成断裂，失去接地，处于高压与低压电间，按其阻抗形成分压。在这一金属上会产生一对地电位，称为悬浮电位。悬浮电位由于电压高、场强较集中，一般会使周围固体介质烧坏或炭化。

二、事故经过

某年 9 月，220kV××变电站值班人员发现 35kV 5 号—6 号段之间 A 相的通管内有轻微的放电声，当天建设单位、监理、施工单位人员和进口厂商技术服务人员均到达现场，由于缺少备件，经过商量决定等备件运到再做处理。同年 10 月，上述单位人员打开通管，发现在三角绝缘子的一只不锈钢支撑钉上与固定其的通管法兰上有放电痕迹（如图 4-28、图 4-29 所示），经分析认为，不锈钢支撑点与固定该只不锈钢支撑钉的通管法兰有间隙，使得三角绝缘子的一只未接地的不锈钢支撑钉有悬浮电位，形成放电。后经更换三角绝缘子再进行真空处理充 SF₆ 气体后投运。此外商提供通管的其他三个变电站两年内也先后发生放电现象。

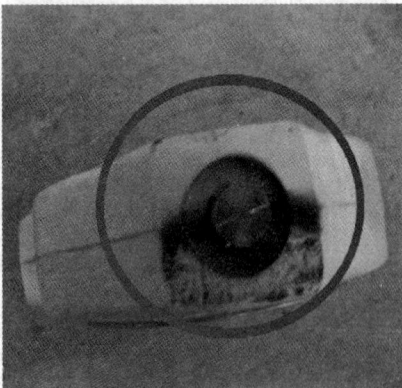

图 4-28　炭化的绝缘子

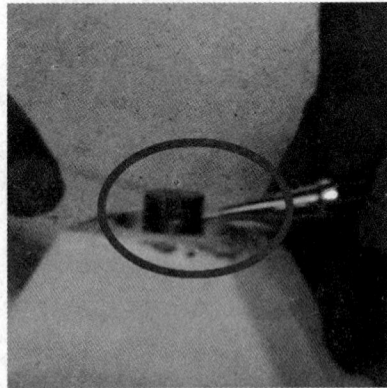

图4-29　支撑钉有放电痕迹的绝缘子

三、原因分析

（1）此通管是在导电杆上套装的三角形绝缘支撑件（如图 4-30 所示），不锈钢支撑钉装于三个支撑上，支撑钉将被夹在通管连接法兰处；支撑钉是用螺纹旋紧固定的，这样的结构在安装时会出现没有旋紧的可能，产生悬浮电位；支撑件在法兰间固定时是卡住的，安装位置公差配合过盈会产生悬浮电位。

悬浮电位可以理解成设备中的某一部位由于没有接地积累了大量电荷，这些电荷与大地间形成了一个电位差。当悬浮电位较大时会产生局部放电。这是此次事故发生的主要原因。

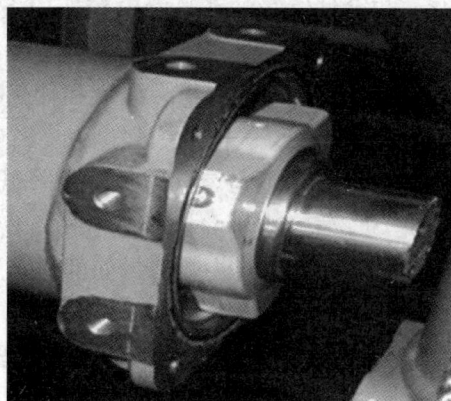

图 4-30 三角形绝缘支撑件

（2）有的通管拆开后发现，在支撑钉上有油脂，是施工不慎把外密封的油脂掉到支撑件上，从而产生了绝缘（如图 4-31 所示）。这是此次事故发生的次要原因。

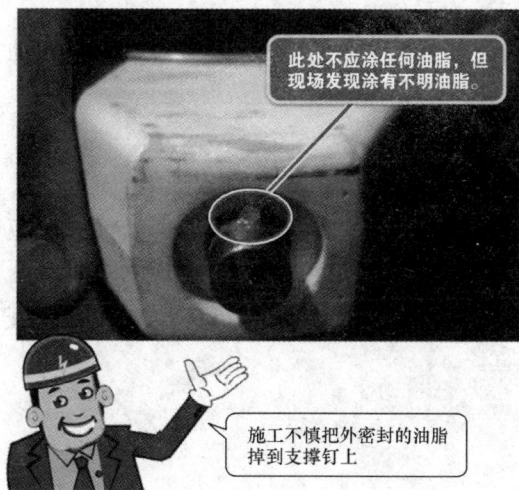

此处不应涂任何油脂，但现场发现涂有不明油脂。

施工不慎把外密封的油脂掉到支撑钉上

图 4-31 支撑钉上的油脂

四、吸取的教训

（1）对于进口设备，也要严格按设备安装工艺规范的要求进行安装，支撑钉的安装必须要紧固，安装时不能碰撞支撑钉。

（2）按照标准化的验收流程进行隐蔽工程验收。

五、整改措施

（1）安装支撑钉时利用专用工具或包布的钢丝钳拧紧支撑钉。

（2）装配通管时，用力均匀，不撞击支撑件。

（3）目前支撑件的安装位置是在法兰上开整圈的圆槽，且配合公差过盈，容易导致支撑件安装偏差，引起放电。要求外商将圆槽改为三个圆孔，减小配合公差。

（4）安装时要用力均匀，保证支撑件在相对中心的位置。

（5）装配通管前，应将通管两端用塑料薄膜封头，只有在连接通管时才去掉封头防止异物掉入。

六、思考题和提示

（1）悬浮电位的危害是什么？

提示：悬浮电位由于电压高，场强较集中，一般会使周围固体介质烧坏或炭化；也会使绝缘油在悬浮电位作用下分解出大量特征气体，从而使绝缘油色谱分析结果超标。变压器高压套管末屏失去接地会形成悬浮电位放电。

（2）SF_6 气体的绝缘强度和什么有关？

提示：SF_6 气体绝缘强度和 SF_6 的纯度有关，和电极表面状况有关。SF_6 气体的绝缘强度在不均匀电场中将会降低很多，如果有电晕放电，将会使绝缘被击穿，因此 SF_6 气室内不允许产生电晕。均匀电场的击穿电压与 SF_6 气体的压力成正比。

（3）SF_6 电器法兰密封面的拼装工艺要求是什么？

提示：

1）检查可见部分内部情况有无异常、螺丝是否松动（安装触指、触头）。

2）检查、清揩处理，如修磨时应沿圆周方向移动，研磨材料、清洗剂、清揩材料的选用，已清揩处理的部位避免二次污染。

3）涂密封脂，应涂在密封槽外缘（靠空气）一侧及其外侧法兰面。

4）密封圈型号规格应符合要求，与密封槽相配，一般应使用新的密封圈，质量良好。

5）对中拼接高度、中心对准，触头插入不能碰伤，用定位棒，防止密封圈掉出密封槽。

6）按对称均衡原则坚固螺栓，并用力矩扳手。

（4）应如何正确地充 SF_6 气体？

提示：SF_6 气体是一种重分子气体，易液化，一般在瓶中的 SF_6 都呈液态，应缓慢充气，使液态气体充分汽化后，进入电气设备中，让 SF_6 的压力成为真实的压力。否则，SF_6 来不及充分汽化就进入设备中，等完成汽化后，气体压力会升高许多。因此，充气的速度应以管路不结露为宜。

案例十三 开关插座线松动引起 35kV 断路器拒分闸

一、理论

如图 4-32、图 4-33 所示，航空插头，插座是连接电气线路的接插软件，航空插头、插座自身的电气参数是选择航空插头、插座等考虑的首要因素，正确地选择和使用是保证电路可靠性的一个重要方面。

断路器在分合闸过程中由于机械冲击将引起振动，可能使一些原本接触不良的部件发生故障。

要保证断路器控制回路的可靠性，防止由于分合闸引起的振动使接线脱落或辅助触点不良引发断路器拒动而酿成事故。

图 4-32 运行时航空插头插上

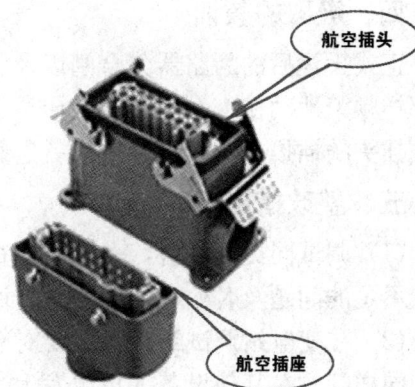

图 4-33 航空插头、插座结构

二、事故经过

某年 12 月，××变电站 35kVⅠ/Ⅳ分段改变运行方式，在进行Ⅰ/Ⅳ分段遥控分闸时，该断路器发生拒动。

该断路器在事先的调试过程以及验收过程，直至全站投运前，曾经多次进行分合闸操作，均正确动作无异常，并未发现任何故障隐患。

后经调查发现，30 号插针上接线线头松脱，此线正好是接跳闸线圈的接线，故造成该断路器拒动。随后，先将Ⅰ/Ⅳ分段柜 30 号插针上的松脱线头临时接好，以保证投运试验正常完成。如图 4-34 所示，投运试验结束后，由制造厂和施工单位有关人员将所有 35kV 断路器柜的航空插头检查一遍（用尖嘴钳拉拔每一根线），查出松脱的线如下：1 号站用变压器 15 号插针，1 号电抗器 24 号插针、51 号插针，Ⅱ/Ⅲ分段 6 号插针、18 号插针、42 号插针，Ⅰ/Ⅳ分段 30 号插针，2 号接地变压

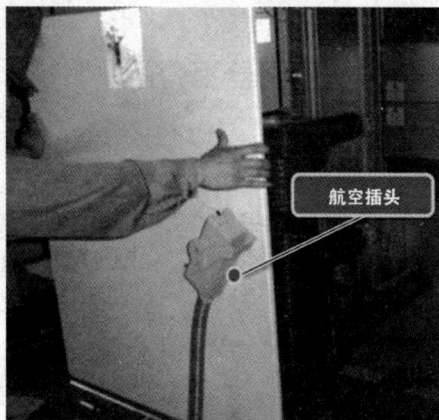

图 4-34 航空插头分开后断路器手车拉出

器 17 号插针、56 号插针。用专用工具处理并试验正确，经运行人员验收后投入运行。

三、原因分析

（1）线头剥得较浅没有插到针形鼻子的底部、针形没有夹紧、线绷得较紧没有留余地等导致接线松动，是此次事故发生的主要原因。

（2）运行前试验频繁插拔航空插头造成线头松脱，是此次事故发生的直接原因。

（3）断路器分合闸引起的震动导致线头松脱，是此次事故发生的间接原因。

四、吸取的教训

正式投运后的断路器分合闸以及手车摇进摇出的次数比较少，不像在调试过程中那样频繁地动作。一旦接线针形鼻子接线不牢靠，当频繁的操作造成的振动以及航空插头的插拔会对断路器造成一定影响。

五、整改措施

（1）调试同类设备时，一定要检查插头接线，插拔插头时尽量小心谨慎，发现先天不足的问题及时处理，确保整个回路的接线正确、可靠，保证可靠安全运行。

（2）在变电站调试结束时，要对航空插头进行全面检查，便于及时排除隐患，防止同样问题在其他设备上再次发生。

六、思考题和提示

（1）断路器拒跳和误跳对电力系统的稳定运行有什么影响？

提示：断路器拒跳不能及时切除故障，会扩大电力系统的故障范围；断路器误跳会使正常运行的设备分闸，使电力系统运行不正常，影响安全供电。

（2）电力系统对继电保护有什么要求？

提示：为了能正确快速地切除故障，使电力系统以最快速度恢复正常运行，要求继电保护具有足够的可靠性、选择性、速动性和灵敏性。

（3）为什么说航空插头、插座应有足够的机械强度？

提示：要经受得住安装及使用过程中所带来的跌落、冲击、挤压等所带来的各种机械应力和振动。

案例十四 手车高压接触器触点发热、出现电弧引发事故

一、理论

交流高压真空接触器可用于控制和保护（配合熔断器）电动机、变压器、电容器组等，尤其适合需要频繁操作的场所。

二、事故经过

××变电站3kV母线担负众多电动机的供电工作，其中除尘电动机功率较大，采取直接启动方式，启动时间长达15s。一日，一台功率为900kW、额定电流205A的除尘电动机开始启动（启动电流1100A左右），启动10s左右该高压盘内突然弧光短路。弧光短路发生在手车高压接触器的母线侧，造成母线全停电。

三、原因分析

（1）除尘风机电动机启动时电流1100A，且时间较长，导致手车高压接触器动触头与母线静触头之间产生电弧，最后形成相间短路，是此次事故发生的直接原因。

（2）手车高压接触器动触头与母线静触头之间的接触电阻假设为0.001Ω，则在长达15s的启动过程中，动、静触头之间功率为$1100A^2 \times 0.001\Omega = 1.21kW$。在该功率下，处于母线侧的动触头锁紧弹簧短时发热，每年几十次启动，造成动触头锁紧弹簧材质变化，锁紧压力松弛，触头间出现电弧，是此次事故发生的主要原因。

（3）高压接触器与母线触头之间的锁紧弹簧安装在母线侧，而不是安装在手车高压接触器上，平时无法检查触头锁紧弹簧状态，是此次事故发生的重要原因。

四、吸取的教训

（1）大功率电动机直接启动，且启动时间较长，极易出现高压接触器触头发热、电缆发热、电动机线圈发热等不良现象。必须加强平日巡检。

（2）高压接触器与母线之间动、静触头的锁紧弹簧应安装在高压接触器上，这样便于发现问题。

五、整改措施

（1）针对大功率电动机直接启动电流大、时间长的问题，应调整该电动机巡检计划，加强观察、记录，对比整个回路的设备状态，有问题及时处理。

（2）淘汰已经落伍的设备（如图4-35所示），改用手车接触器动触头处带锁紧弹簧的先进设备（如图4-36所示），或将设备做小幅改动，将安装在母线静触头上锁紧弹簧改装在手车高压接触器上，便于设备停电时检查。一旦锁紧弹簧出现松弛，立即更换。

图 4-35　已经落伍的设备

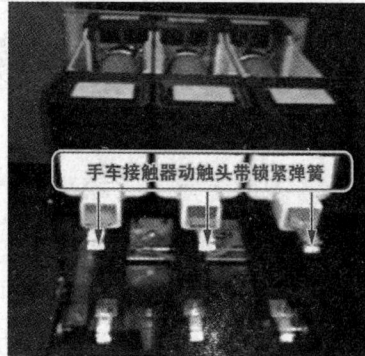

图 4-36　先进的设备

六、思考题和提示

（1）高压真空接触器是什么设备？

提示：高压真空接触器是一种比较简单的高压设备，由熔断器加真空开关管组成高压回路，其中熔断器切断短路电流，真空开关管切断过载与负荷电流。

（2）高压接触器适用范围是什么？

提示：有些高压设备（如电动机）启动频繁，采用高压断路器不合适。高压接触器可频繁操作，加上高压接触器上熔断器——真空管的组合，正好适用。

（3）电动机启动电流大，用什么办法解决？

提示：可以在启动回路中串联电抗器限制启动电流，可以选用变频器、软启动装置减少启动电流。

（4）直接启动的电动机对电源容量有什么要求？

提示：正常情况下，电动机启动电流加其他负载电流不应超过电源的额定电流。如果超过电源额定电流，将导致电源电压暂时跌落，对正常运行设备不利。

案例十五 野蛮操作断路器导致三相短路

一、理论

小车室、主母线室和电缆室的隔板上装有主回路静触头盒,触头盒既保证了各功能小室的隔离,又可作为静触头的支持件。当小车不在柜内时,主回路静触头由接地薄钢板制成的活动帘板盖住,以保证小车室内工作人员的安全。当小车进入时,活动帘板自动打开,使动静触头顺利接通。

二、事故经过

某公司在某日下午对 6 号 PA 断路器进行检修。14:10,把断路器小车拉至检修位置,检修人员对该断路器分闸失灵的缺陷进行处理。15:30,检修工作结束。

随后,检修人员张某、袁某按操作票开始操作。检查断路器在断开位置后,把断路器小车由试验位置推向运行位置,联动机构打开帘板,在断路器接近运行位置时,断路器小车处于运行位置的定位杆不能落入孔内。张某将断路器重新拉到试验位置,帘板自动关上。

当张某进行第二次操作将断路器小车推向运行位置时感到有阻力,便硬用力推入。断路器小车在行进过程中发生短路,短路产生的弧光将人灼伤。同时 6kV 动力中心进线断路器继电保护动作,造成 6kV/380V 用动力中心断电,导致公司生产系统全部停电。

经解体断路器柜检查发现,事故系静触头金属帘板没有全部打开所致。

三、原因分析

(1)断路器小车推行到运行位置时,金属帘板没有全部打开,断路器柜五防装置失去应有的强制保护功能,手车接近 6kV 母线静触头时,动触头导电杆与挡板绝缘距离不够,发生三相短路,是此次事故发生的直接原因和主要原因。

(2)如图 4-37 所示,KYN3-10 型断路器柜静触头帘板为金属板材,尚未完全打开时,对硬进入的断路器小车不但不能起到阻止作用,反而会造成断路器小车室短路,是此次事故发生的主要原因之一。

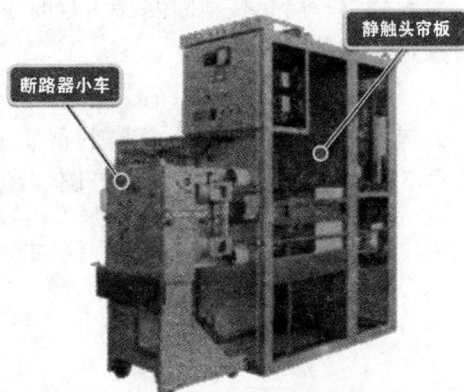

图 4-37 KYN3-10 型断路器柜

(3)操作人员对断路器机械闭锁的原理和结构不清楚,虽然懂得操作程序,但对每一项操作的过程不清楚,帘板没有完全打开产生异常时,还是硬推断路器小车至运行位置，是此次事故发生的间接原因。

（4）操作制度不健全，对已经出现的断路器小车处于运行位置的定位杆不能落入孔内的缺陷没有进行全面检查、分析，没有向主岗和值长及时反映操作中出现的问题，而是继续进行重复性操作，是此次事故发生的直接原因。

四、吸取的教训

（1）设备出现异常时，一定要查明原因，不能野蛮操作。

（2）KYN3-10型断路器柜的帘板比较大，机械联锁有时会卡住，在检修时应进行检查，避免操作时卡住。

五、整改措施

（1）将静触头金属帘板更换为绝缘材料。

（2）加强设备的消缺，确保断路器五防装置功能完好。

（3）操作中发生异常时，应立即停止操作并进行分析，向主岗或班长汇报，弄清问题后，再进行操作。不准强行操作，不准监护人帮助操作。

六、思考题和提示

（1）静触头前的活动帘板是怎么打开的？

提示：通过联锁机构，在断路器小车推进时自动开启。

（2）断路器小车在什么位置时才能断路器合闸？

提示：断路器小车的二次接线插头插好，小车推到试验位置或运行位置，并且位置定位销插入柜体的孔中，断路器才能合闸。

（3）断路器柜的"五防"机械闭锁有哪些？

提示：防止带负荷拉、插一次隔离开关触头；防止误入带电间隔；防止误分、误合断路器；防止接地断路器闭合时手车进入工作位置；防止手车在工作位置时误合接地断路器。

（4）JYN3-10型断路器柜和KYN3-10型断路器柜有什么区别？

提示：JYN3-10是金属封闭间隔式断路器柜，断路器小车是落地式的；KYN3-10是金属封闭铠装式断路器柜，断路器小车是中置式的。

第五集

高压电力线路

案例一 110kV 电缆户外终端局部发热不均缺陷及处理

一、理论

电场是带电体周围空间存在的一种特殊形态的物质，当两个带电物体互相靠近时，它们之间就有作用力。凡有电荷存在，其周围必然有电场存在。

红外测温技术对发现由电流致热型缺陷引起的触点发热和由于电压致热型缺陷引起的绝缘隐患有比较明显的优势。经过长时期运行，电缆桩头与其他电气设备的连接点有可能因接触不良引起过热。图 5-1 所示的是电缆户外终端瓷套表面温度红外图谱，表现电缆桩头连接部位温度明显升高，长时间运行会造成接触电阻增大，连接点炭化，此类缺陷占全部电缆设备红外测温技术发现缺陷的 80％以上。

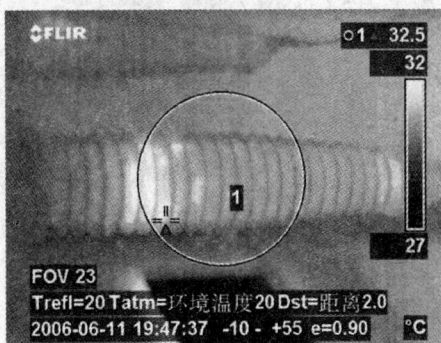

（颜色发白处温度高）

图 5-1 电缆户外终端瓷套
表面温度红外图谱

电压致热缺陷是指由于电压作用引起的设备的发热缺陷。电缆线路介质损耗也是发热源之一，由于介质损耗与电压平方成正比，在高压和超高压运行电缆中，该类缺陷更为典型。在电缆终端，如果局部介质损耗角正切（tgδ）偏大，可能导致局部区域温度偏高，其绝缘内部存在的缺陷可能已经很严重，在系统允许情况下，立即停电将缺陷消除。

二、事故经过

电缆采用 YJQ_{03}—110kV $1×630mm^2$，发热终端采用预制式户外终端，运行时间近 6 年。

某日对该电缆进行常规红外测温时，发现户外电缆终端 B 相存在发热情况（29.7℃），同时检查发现有异常电晕放电声音。

随着气温和负荷均上升后，对 B 相电缆终端进行温度复测，发现温度上升较快（51.2℃，如图 5-2 所示），决定停电处理。

现场拆检发现，B 相终端内硅油已浑浊，并有许多悬浮黑色颗粒存在，表面有大块黑色凝结物出现（如图 5-3 所示）。压接杆与密封圈之间的导电杆表面有氧化和过热放电的痕迹。应力锥表面和位置检查均正常。

三、原因分析

取 B 相硅油油样进行油样试验。试验结果如下：

相别	氢气	甲烷	乙烷	乙烯	乙炔	总烃	CO	CO_2
B	312	240.2	49.7	20.5	15.5	325.9	21	6218

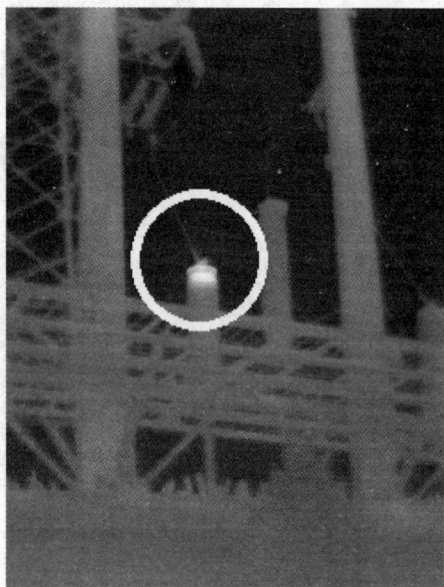

图 5-2　户外终端 B 相红外照片

图 5-3　B 相终端内硅油表面已经产生凝结物

试验结果表明，B 相存在放电，油中存在大量乙炔，且总烃值偏高。更换 B 相套管及内部全部硅油，打磨发热变色处的导电杆，处理后的 2～3 年内，红外测温效果良好。因此，终端头的发热至少和硅油性能有关，分析可能有如下原因造成终端头发热：

（1）硅油材质选择不当。由于选材不当，经过一定时间运行发生老化，尤其是超年份运行，材料变质等会造成终端头在运行中产生发热现象。

（2）在安装瓷套管时进入杂质。可能在施工安装中，套管内部不够清洁或有杂物，或在灌注硅油过程中受到污染，电缆投入运行后杂质在硅油内产生发热现象。

（3）终端头密封存在缺陷。如套管上口或底部密封不好，导致潮气水分进入电缆终端内等。

四、吸取的教训

定期对各电压等级的户外终端做好红外测温工作，并做好档案记录。

五、整改措施

（1）对新投入运行的电缆终端头应在运行一个月内进行红外测温，以积累原始数据。

（2）对于新放电缆，在终端安装时应严格按照工艺规范进行施工，达到施工环境温度、湿度要求和防尘要求，避免绝缘材料受到污染。

六、思考题和提示

（1）电气设备的电能损耗可分成几类？

提示：正常运行情况下，电气设备的部分电能以不同的损耗形式转化为热能，从而使设备的温度升高。电能损耗主要包括以下几种：电阻损耗，发热功率与电流平方成正比，这是电流效应引起的发热。介质损耗、发热功率主要取决于电压，这是电压效应引起的发热。铁损是由于铁芯或金属构件的磁滞、涡流而产生的，这是电磁效应引起的发热。

（2）红外诊断技术是通过什么手段监视和判断电气设备是否存在缺陷的？

提示：物体表面由很多单元组成，物体表面都存在一个热辐射能量场，相应有一个温度分布场。利用红外热像仪可对物体表面红外辐射的强弱进行探测，形成红外图谱，以判断物体表面形状轮廓及温度分布情况。红外诊断技术就是利用红外图像的亮暗来反映出物体表面温度高低的特点，通过对物体表面温度及温度场的监测来判断设备是否存在缺陷。

（3）红外测温技术的优点有哪些？

提示：对数量巨大的电缆终端，红外测温技术为缺陷发现、日常维护提供了一个新的监测手段。可减少设备停役检修的次数，节省维护检修开支，有重点地消除隐患，为确保电网安全可靠运行起到积极作用。

（4）电气设备红外诊断方法有哪几种基本方法？

提示：电气设备红外诊断基本方法有五种，分别是表面温度判断法、相对温差判断法、同类比较法、热谱图分析法和档案分析法。

案例二　35kV 电缆本体外力因素故障

一、理论

电场是带电体周围空间存在的一种特殊形态的物质，当两个带电物体互相靠近时，它们之间就有作用力。凡有电荷存在，其周围必然有电场存在。

树枝老化是导致 XLPE 绝缘发生最后击穿的主要原因。XLPE 绝缘内树枝可分为三类：电树枝、水树枝、电化树枝。

二、事故经过

某日，在某岔路口的电缆长路本体上发生电缆故障，故障相为 A、B、C 三相（如图 5-4 所示）。故障处电缆类型 CVTAZV—35kV $3\times400mm^2$，电缆为××制造厂商。

经现场资料核查，故障电缆线路埋深 1.0m，电缆上方有盖板。故障段电缆上方有其他管线通过。解剖电缆发现，外护套上有明显受到外力的痕迹（如图 5-5 所示）。

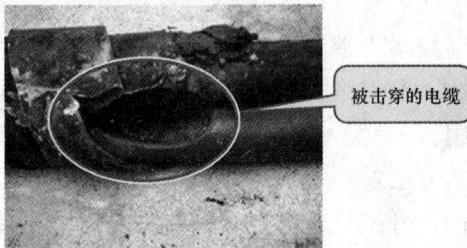

图 5-4　35kV 电缆长路本体上，
为 A、B、C 三相相间故障

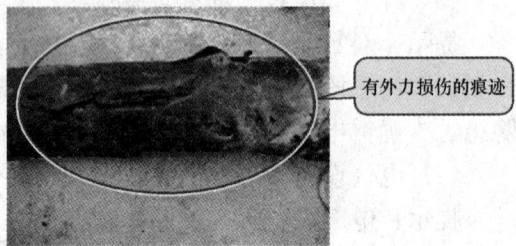

图 5-5　电缆外护套上有明显
受到外力的痕迹

三、原因分析

（1）存在多重的电树枝、水树枝缺陷，在电场作用下最终导致故障。

（2）受外界机械力影响，绝缘受损，影响绝缘性能。在其他管线施工过程中，移动过盖板，使下方电缆受到外力，造成电缆损伤，在损伤部位形成电场集中，逐渐产生电树枝，外界潮气从受损部位进入电缆，在此较电树枝更低的电场下引发水树枝。

（3）土壤中有害物质渗入形成树枝状物，影响绝缘性能。土壤中的一些化学成分可能渗透过电缆护套、金属护套、绝缘层到达线芯表面，与导体材料发生化学反应，其生成物在电场作用下蔓延伸入绝缘层形成树枝状物。

四、吸取的教训

（1）加强对运行电缆巡视，对市政及其他管线施工区域的电缆要加大监视力度。

（2）对施工区域的电缆线路除监视外，还要检查电缆的外表及受损情况。

五、整改措施

（1）避免线路受外界因素干扰。直埋敷设方式仅靠水泥盖板及电缆钢带铠装进行保护，且保护性差（如图5-6所示）。采用钢筋混凝土结构排管方式，其防护效果好、防护范围大，对于人力机械损伤防护效果更佳（如图5-7所示）。

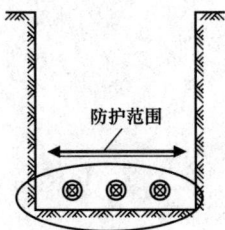

图5-6 直埋敷设方式——电缆直接
埋在土壤里，上面盖水泥盖板的敷设

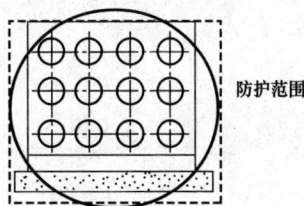

图5-7 电缆构筑物——采用钢筋
混凝土结构排管方式

（2）保护线路的各种措施。采用电缆敷设排管化，加快对车行道下方电缆的搬迁工作，对现有直埋电缆的加强保护标志竖立及宣传，加强与相关管线部门的联系和沟通，做好保护电缆的前期工作，预测地沉等环境因素，提前采取保护措施等有效措施。

六、思考题和提示

（1）什么是化学老化？

提示：化学老化是由敷设环境所引起的，有一种称为硫化的老化现象，对电缆绝缘影响最大，硫化物将透过电缆护套及绝缘层与电缆的铜导体产生化学反应，生成硫化铜和氧化铜等物质。

（2）XLPE绝缘内树枝可分为哪几类？

提示：可以分为电树枝、水树枝、电化树枝三类。

（3）简述交联电缆内部绝缘产生电树枝的原理。

提示：电树枝是由于XLPE绝缘层与其他固定接触面间存在气隙或尖端，或XLPE绝缘内部有气隙或杂质，这些气隙、杂质和尖端的存在，导致XLPE绝缘中电场集中点或击穿强度低的部位局部击穿，逐步形成电树枝。

（4）简述交联电缆内部绝缘产生水树枝的原理。

提示：水树枝是水分进入XLPE绝缘层后，在电场作用下形成的树枝状物，它的特点是引发树枝的空隙中有水分，在比产生电树枝低很多的场强下即可发生。

（5）简述交联电缆内部绝缘产生电化树枝的原理。

提示：电化树枝是指电缆金属护套受到损坏或腐蚀以后，一些化学成分可能渗透过电缆护套、金属护套、绝缘层到达线芯表面，与导体材料发生化学反应，其生成物在电场作用下蔓延伸入绝缘层形成树枝状物。

案例三　10kV 电缆本体遭外力破坏造成故障

一、理论

任何单位和个人不得危害发电设施、变电设施和电力线路设施及其有关辅助设施。在电力设施周围进行爆破及其他可能危及电力设施安全的作业，应当按照国务院《电力设施保护条例》的有关规定，经批准并采取确保电力设施安全的措施后，方可进行作业。

任何单位或个人在电力电缆线路保护区内进行作业，必须经地方电力管理部门批准，采取安全措施后，方可进行。

二、事故经过

某日 15：47，××变电站电缆 C 相接地。故障处电缆类型为 YJV —10kV 3 ×400mm²。

三、原因分析

故障发生在电缆长路 C 相上。经现场查看，故障点附近某燃气公司正在用镐头机开挖施工，故障点附近电缆有明显被损坏痕迹。

经调查，该公司正在进行煤气抢修查漏气点施工，根据市政府有关文件规定，管线发生突发性损坏在抢修施工前应通知各管线权属单位到现场交底，涉及管线施工应进行监护。该公司违反了抢修的相关程序，未通知电缆公司到现场交底和监护，擅自进行施工（如图 5-8 所示），造成镐头机打坏电缆（如图 5-9 所示），导致故障。

工作环境混乱，怎能保安全

图 5-8 电缆线路上某燃气公司擅自施工

四、整改措施

（1）加强内部交流，结合兄弟班组的事故教训，寻找班组在反外损工作的危险源，进一步提高运行人员处理复杂问题的综合能力，同时对运行人员的业务知识进行针对性培训。

（2）加强反外损宣传工作的力度，进一步做好施工队伍的现场宣传工作，从精细化的要求来开展护线宣传工作，做到点、线、面结合，不留死角盲区。

（3）寻求法律支持，进一步提高护线工作水平，加强执法力度，以最高人民法

图 5-9　电缆线路上某燃气公司擅自
施工导致电缆损坏

院的司法解释为根据，采取一切有效手段保护好电缆。

（4）将反外损工作列入精益生产项目，优化流程，切实减少因外部原因引起的运行故障。

五、吸取的教训

（1）加强施工现场的监管力度，凡涉及电缆附近施工和与电缆交叉位置施工，安排人员进行现场监护，有效服务好施工单位。

（2）对市政工程中来不及搬迁或无费用搬迁的电缆，要积极与市政单位、供电分公司及上级相关部门沟通，加快电缆搬迁，减少外损故障。

（3）过程监控工作要逐步推进，尤其对主设备、排管工程的监控，使新投运的电缆有一个好的运行环境。对非开挖施工做好监控的同时，要做好资料的验收和收集工作，以提高交底的准确性。

六、思考题和提示

（1）电缆运行事故主要分为几类？

提示：电缆运行事故主要可以分为特大事故、重大事故、一般事故、一类障碍和二类障碍五种类型。

（2）因用户或者第三人的过错给电力企业或者其他用户造成损害的，是否应该承担责任？

提示：该用户或第三人应当依法承担赔偿责任。

（3）对于在施工中挖出的电缆和电缆中间接头应如何加以保护？

提示：对于在施工中挖出的电缆和电缆中间接头应加以保护，在其附近设立警告标志，提醒施工人员注意及防止外人误伤。

（4）为防止损坏地下电缆，各建设单位和公用事业单位在施工前应到电缆管理部门办理哪些手续？

提示：各建设施工单位和各公用事业单位施工前应在电缆运行部门建立施工许可和地下管线交底制度。在电力电缆保护区施工，必须办理许可手续，由电缆运行部门进行线路交底后，方可施工。

案例四 110kV 电缆本体故障

一、理论

电场是带电体周围空间存在的一种特殊形态的物质,当两个带电物体互相靠近时,它们之间就有作用力。凡有电荷存在,其周围必然有电场存在。

交联聚乙烯电力电缆绝缘老化是发生击穿的主要原因,树枝老化是导致 XLPE 绝缘发生最后击穿的主要原因。

交联聚乙烯绝缘电缆绝缘挤包、硫化制造过程中含有微水会对绝缘造成影响。

化学交联是利用过氧化物分解产生游离基与聚乙烯中的氢原子结合,化学反应需要加水,反应有水和气体生成,是一种发泡反应,需要施加压力。在压力作用下,交联聚乙烯里无宏观可见的气泡,但微观交联聚乙烯仍是微观多孔材料。绝缘中半导电屏蔽突起、杂质、微孔、水分是水树生成和游离放电的根源。

虽然绝缘中所含有的微水的直径一般只有几微米,但在电场的作用下,微观上的小水珠的空隙之间会形成一个树枝状物的放电通道,微水珠越多,放电通道也越多。久而久之,放电通道会连成一体,从而在绝缘体中形成水树枝,导致绝缘性能下降,最终致使绝缘击穿(如图 5-10 所示)。

二、事故经过

规格为 YJLW$_{03}$—110kV 1 × 800mm^2,长度为 430m 的电缆线路于某日投入运行。

根据施工记录,电缆敷设过程与厂家要求相符。该线路于某日通过了交流耐压试验,试验电压 110kV/30min。

线路投运后,运行人员对电缆线路每三天进行一次巡视,巡视过程中未发现有受到外力侵害迹象,设备通道正常。

某日,A 相电缆本体在排管内发生绝缘击穿故障。故障点有两处,直径分别为约 2cm 的圆和长 5.5cm 的放电电弧痕迹(如图 5-11 所示)。

故障点距离电缆 A 相 1 号绝缘接头距离为 27.2m(如图 5-12 所示)。

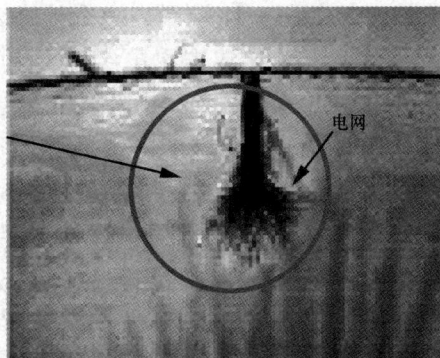

电网

(绝缘中所含有的微观上的小水珠会形成一个树枝状物的放电通道,久而久之放电通道会连成一体,最终导致绝缘击穿)

图 5-10 水树枝形成图

三、原因分析

(1) 电缆外护层及金属护套无外力受损迹象,电缆金属护套无变形迹象,电缆外护层上有直径约 2cm 的故障击穿圆洞。

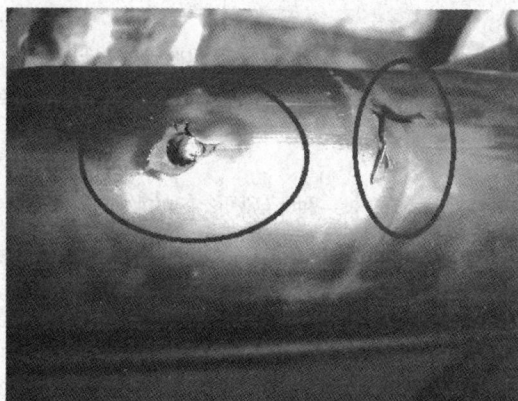

（左圈为直径约 2cm 的击穿圆洞，右圈为长 5.5cm 的击穿弧洞）

图 5-11　电缆绝缘击穿

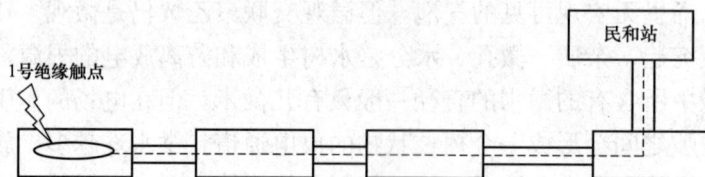

图 5-12　电缆走向示意图

（2）如图 5-13 所示，电缆绝缘表面有两处绝缘击穿点，相距 5cm，直径约 2cm 的击穿点 1 是导致本次电缆故障的主要击穿点，位于其附近的击穿点 2 是次要击穿点。

（3）为进一步判断电缆故障原因，检查人员将故障点旁 40cm 电缆样品进行了切片分析，发现在距离故障点最近的区域 1（击穿点 1）处发现

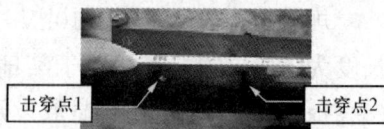

图 5-13　电缆绝缘击穿图

了电缆绝缘可能存在缺陷，在距离故障点稍远的区域 2、3 则未发现上述现象。

图 5-14 是"击穿点 1"和"击穿点 2"的位置示意图。

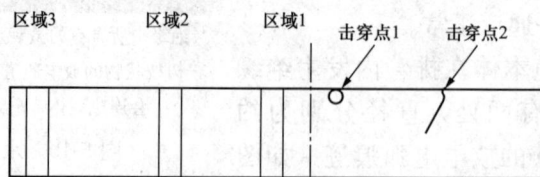

（击穿点 1 是图 5—11 中的左圈为直径约 2cm 的圆洞）

图 5-14　电缆绝缘击穿示意图

图 5-15 是"击穿点 1"靠近内屏蔽导体侧的照片。图 5-16 是电缆切片发现内部存在微孔缺陷的照片。

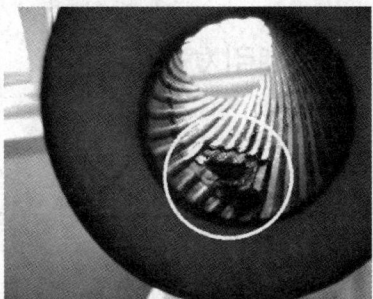

图 5-15　电缆击穿解剖图

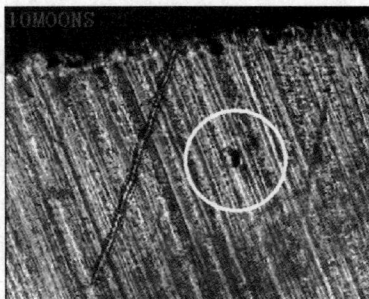

（左圈为直径约 2cm 的击穿圆洞
的切片，发现内部存在微孔缺陷）

图 5-16　电缆绝缘切片分析图

（4）综上分析判断故障原因为以下两点：

1）由电缆本体绝缘内部缺陷引发击穿故障。

2）该线路投运前通过的交流耐压试验，未发现电缆本体绝缘缺陷。

四、吸取的教训

（1）施工前电缆本体质量的验收局限在外观及资料方面，缺乏有效的检验手段。

（2）电缆投入运行后，在运行中缺乏对电缆线路及绝缘状况真正有效的监测。

五、整改措施

（1）加强施工前电缆本体的质量验收。

（2）建立对交联聚乙烯电缆运行中的线路通道及绝缘在线监测制度与措施。

六、思考题和提示

（1）形成电缆水树枝生成和游离放电的根源是什么？

提示：电缆绝缘中半导电屏蔽突起、杂质、微孔、水分，是水树枝生成和游离放电的根源。

（2）造成电缆的水树枝引发和发展的主要原因是什么？

提示：交联电缆线路运行中，水树形成和发展是由于介质移动，使水进入绝缘体中，引起介质加热或焦耳加热从而造成电缆的水树枝引发和发展。

（3）为什么电缆投入运行后会发生老化？

提示：电缆投入运行后，绝缘层会受到电、热、机械、水分等因素的作用而发生老化。

（4）从电缆制造角度来说，抑制水树枝老化有哪些基本方法？

提示：消除水的存在。消除局部集中电场，将材料做超净化处理。采用抑制水树枝生长的绝缘材料。将导体外的内半导电层、绝缘层和外半导电层这三层同时挤出，以减少绝缘中的微孔和杂质等。

案例五 10kV 交联电缆本体进潮引发故障

一、理论

电场是带电体周围空间存在的一种特殊形态的物质，当两个带电物体互相靠近时，它们之间就有作用力。凡有电荷存在，其周围必然有电场存在。

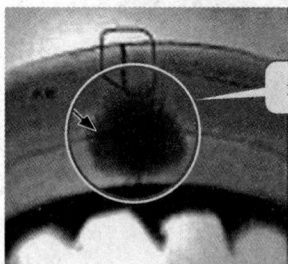

图 5-17 绝缘层内水分——在系统电压作用下逐步发展形成水树枝

交联电缆聚乙烯绝缘材料对水分含量的要求很高，由于水分的存在，在电缆投入使用后，绝缘层内的水分会在系统电压的作用下发展形成水树枝，水树枝逐渐向绝缘内部伸展，并最终形成电树枝，导致绝缘材料加速老化，直至发生运行中绝缘击穿事故（如图 5-17 所示）。

二、事故经过

某日，10kV 电缆长路发生故障，该电缆线路采用 YJV$_{22}$—10kV 3×400mm^2 电缆。

三、原因分析

（1）受潮及外力综合原因，导致电缆绝缘性能下降。分析认为，该段电缆曾受到外力，导致本体绝缘出现细微损伤，在运行了一段时间后潮气进入，导致电缆绝缘性能下降。

（2）水树枝引发故障。远离故障点 50cm 处，取一段电缆进行切片试验，发现电缆内有水树枝出现（如 5-18 所示）。

（3）外力因素损伤绝缘。该线路采用直埋敷设方式，埋深 0.75m，位于车行道下方。观察故障点周围有部分凹陷痕迹（如图 5-19 所示）。

四、吸取的教训

（1）水分、潮气的进入对交联电缆运行的影响是非常巨大的。

（2）要制订从制造、运输、安装到运行防止各种进水渠道的相应措施。

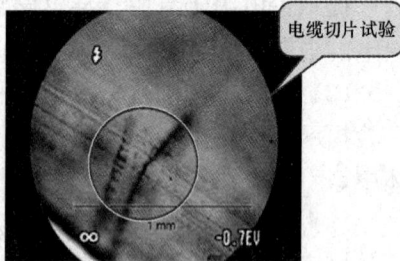

图 5-18 电缆绝缘切片试验——绝缘内有水树枝

五、整改措施

（1）电缆达到不含水分的最基本要求。

（2）防止电缆运输、现场存放过程中误碰事故，采用硬封装，减少电缆破损几率。

（3）电缆排管工井敷设，加强电缆牵引头和本体护套连接密封，确保水分不进入。

（4）合理组织施工，保证电缆放线过程的通讯畅通。

（5）排管、过路管敷设电缆前，疏通管道，防止电缆划伤，放线时减少阻力。

（6）直埋电缆，避免硬质物体碰及电缆护套。

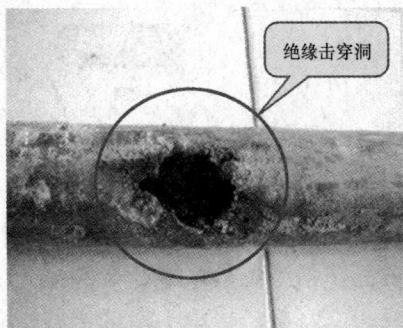

图 5-19　直埋敷设地下土壤里的
电缆——绝缘击穿洞

（7）充分重视电缆接头施工现场环境，空气湿度应符合要求，现场应做好防水措施。

（8）切实做好防止电缆本体及接头部位受到外力因素的损伤工作。

六、思考题和提示

（1）交联电缆如果由于各种原因造成了导体间隙中进水，现场可采用什么方法做去潮处理？

提示：交联电缆如果由于各种原因造成了导体间隙中进水，现场可采用相对湿度小于50％的干燥空气和氮气作为干燥介质进行交联电缆去潮处理。

（2）交联电缆安全运行的最大隐患是什么？

提示：经验告诉我们，水树枝老化是交联电缆安全运行的最大隐患。

（3）有防水要求的电缆线路应采取哪些阻水措施？

提示：有防水要求的电缆线路，电缆应有纵向和径向阻水措施；绝缘屏蔽与金属套间的纵向阻水结构可采用半导电阻水膨胀带绕包而成，或采用具有纵向阻水功能的金属丝屏蔽布绕包结构；导体纵向阻水可在导体绞合绞入阻水绳等材料；径向防水应采用铅套、平滑铝套、皱纹铝套、皱纹铜套或皱纹不锈钢套。接头的防水应采用铜套，必要时可增加玻璃钢防水外壳。

（4）交联聚乙烯绝缘电缆的绝缘中含有微水，对电缆安全运行会产生什么危害？

提示：虽然绝缘中所含有的微水的直径一般只有几微米，但在电场的作用下，微观上的小水珠的空隙之间会形成一个放电通道；微水珠越多，放电通道也越多，久而久之放电通道会连成一体，从而在绝缘体中形成水树枝，最终造成绝缘击穿。因此在生产过程中须严格控制绝缘中的水含量，以减少水树枝形成的机会。

案例六 35kＶ电缆线路绝缘老化故障

一、理论

电缆投入运行后，即会开始发生老化。随着使用时间的增长，要避免因电缆老化造成事故。电缆绝缘老化的原因有两方面，一是电气方面，二是化学方面。电气方面包括游离放电老化和树老化。

交联聚乙烯电力电缆绝缘老化是发生击穿的主要原因，树枝老化是导致XLPE绝缘发生最后击穿的主要原因。

二、事故经过

电缆型号为 $YJLV_{02}$—35kV $3\times240mm^2$，事故前已运行近20年。某日，电缆线路的本体绝缘击穿，故障相为A相。

三、原因分析

对出现击穿故障的电缆进行解体检查，并将击穿点处电缆和同根电缆未击穿处电缆各截取200mm，送有关部门进行切片分析。

故障电缆击穿点处径向电切断，去除熔断的导体铝芯，将主绝缘交联聚乙烯放入专用交联电缆切片机进行切片。切片厚度0.2mm，切割150片。未击穿电缆同理切割150片（如图5-20所示）。

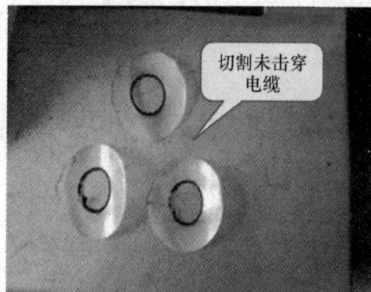

图5-20 绝缘切片，准备进行绝缘显微观察

对切片进行显微分析，发现非事故电缆在主绝缘与内外屏蔽层附近，发现主绝缘上有微孔（如图5-21所示）。从100倍图象中发现，微孔直径纵向约为 $720\mu m$（0.72mm），横向大约为 $890\mu m$（0.89mm）。由此，估计微空长直径0.85mm。

此处，还发现主绝缘与半导电屏蔽层界面模糊，沿界面方向有微空，半导电似扩散到主绝缘上（如图5-22所示）。从切片分析结果中可以基本看出，主绝缘中有明显的树枝、裂纹和空洞，也有明显的被破坏的迹象。同时，内屏蔽材料似乎扩散到了主绝缘中。

通过热失重分析比较也可以看出，材料表观活化能有所降低，按照寿命计算公式，其寿命已降低得非常明显，尤其树枝状微空对主绝缘可能会造成很大损坏。综上所述，此次事故发生的原因主要为以下两点：

（1）电缆在运行中受到水分侵入，绝缘老化，导致运行中绝缘击穿。

（2）电缆在运行中受到外界力影响，绝缘受到损伤。

图 5-21　绝缘切片分析，主绝缘上有
微孔、较大的黑点

图 5-22　绝缘切片分析，主绝缘中有
明显的树枝、裂纹、空洞的迹象

四、吸取的教训

（1）制造过程中绝缘不能进水，要减少水树枝的形成机会，施工前应进行有效检测。

（2）电缆线路巡视工作不能停留在表面，要对电缆线路运行进行有效监控。

五、整改措施

（1）在制造生产过程中严格监造，控制绝缘中水的含量，以减少水树枝形成机会。

（2）加强电缆线路巡视工作力度，减少外界机械力因素影响，避免电缆绝缘受损。

六、思考题和提示

（1）交联聚乙烯电力电缆为什么会发生水树枝老化？

提示：水树枝就是交联聚乙烯电缆在进水的情况下，由于电场的作用，使绝缘体内形成树枝的现象。

（2）水树枝有哪三种形态？

提示：水树枝有以下三种形态：从导体的内半导电层上产生的内导水树；从绝缘的外半导电层产生的外导水树；从绝缘层中空隙产生的蝴蝶结形水树。

（3）对水树形成和发展的情况有哪些论点？

提示：绝缘体中水树的引发和发展是由麦克斯韦应力引起裂纹而造成的。由于介质移动，使水进入绝缘体中，引起介质加热或焦耳加热而造成水树枝的引发和发展。由于电场作用，产生水凝集的热力学学说。

（4）交联聚乙烯电力电缆为什么会发生电树枝老化？

提示：由于交联聚乙烯绝缘层与其他固体接触面（例如，线芯或线芯屏蔽层与交联聚乙烯绝缘层的交界面，绝缘屏蔽层与交联聚乙烯绝缘层的交界面等）存在有气隙，或者交联聚乙烯绝缘内有杂质，或屏蔽层有突出尖端等。气隙和尖端的存在，会导致交联聚乙烯绝缘层中电场集中点或击穿强度低的部位的局部击穿，逐步形成电树枝。

（5）交联聚乙烯电力电缆为什么会发生电化树枝老化？

提示：它的产生原因基本上与电树枝相同，只不过在空隙中渗进了其他化学溶液。其生成物（如亚硫酸铜、硫化物溶液等）在电场作用下蔓延伸入绝缘层，形成树枝状物电化树枝。

案例七　35kＶ电缆户内终端本体制造缺陷故障

一、理论

电场是带电体周围空间存在的一种特殊形态的物质，当两个带电物体互相靠近时，它们之间就有作用力。凡有电荷存在，其周围必然有电场存在。

在交流电压下，绝缘层内的电场分布与介电常数 ε 成反比分配，当绝缘含有气隙、杂质，或屏蔽层有突出尖端时，易在此处形成电场集中现象，造成局部放电。局部放电能使交联聚乙烯绝缘内部空隙处逐步形成电树枝，并向纵深发展，直至发生绝缘电击穿或热击穿。

二、事故经过

某日，××变电站电缆过流动作，断路器跳闸，用户站 35kV 自切成功。故障处电缆类型为 YJLV$_{22}$—35kV $3\times240mm^2$，终端型号为户内预制式终端（如图 5-23 所示）。

三、原因分析

电缆线路在某用户站的电缆终端内的电缆本体上发生运行故障，故障相为 A 相（如图 5-24 所示）。

图 5-23　户内预制式 35kV 终端头　　　　图 5-24　电缆 A 相本体上故障——击穿洞

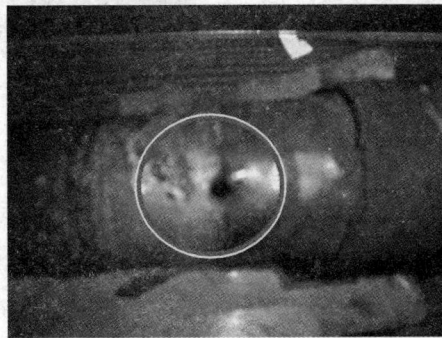

由于故障处位于电缆终端内的电缆本体上，且针对电缆故障点进行外观检查，预制件内、外无故障击穿现象，排除外力因素（如图 5-25 所示）。

经仔细分析，认定具体原因如下：

（1）制造中本体存在缺陷。如图 5-26 所示，对故障处电缆绝缘做切片试验，发现存在大块黑色不明颗粒（直径约 1mm）。分析认为正是由于电缆在制造过程中存在上述杂质缺陷，应力集中处在电场长期作用下引发故障。远离故障点处的绝缘切片无此杂质，因此该制造缺陷在本条线路中只是局部现象。

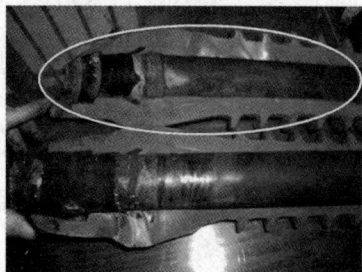

图 5-25 预制件内经检查
无故障击穿现象

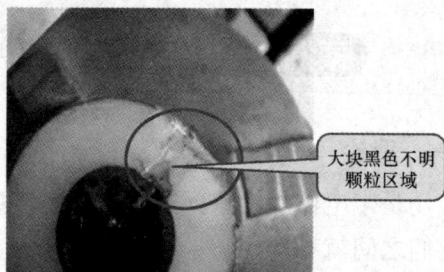

图 5-26 故障处绝缘切片试验，发现存在
直径约 1mm 黑色不明颗粒

（2）应力集中分布不均。解剖电缆发现，故障点是位于外半导电屏蔽层与绝缘交界处（应力集中最强），直径为 8mm 的圆洞。同时，预制件和绝缘表面均无爬电现象。经检查，接头的安装尺寸完全符合工艺要求，绝缘表面处理正常（如图 5-27 所示）。

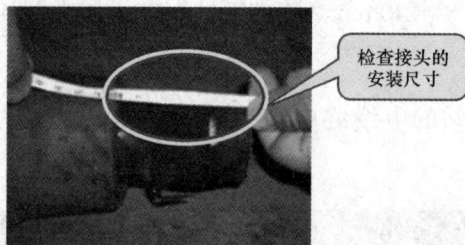

图 5-27 检查接头的安装尺寸

四、吸取的教训

防止制造过程中绝缘材料混入杂质，加强监造和型式质量检测手段。

五、整改措施

（1）将相关产品信息反馈给物资部门，由其督促制造厂商做好产品质量管理控制。

（2）对故障线路做局部放电、测介质损耗试验，观察该线路电缆绝缘的变化动态。

六、思考题和提示

（1）在交流电压下，电缆绝缘层中的电场分布和介电常数 ε 按什么比例分配？

提示：按介电常数 ε 成反比例分配。

（2）电缆绝缘层的作用是什么？

提示：其作用是将线芯与大地以及不同相的线芯间在电气上彼此隔离，保证电能输送，是电缆结构中不可缺少的组成部分。

（3）交联聚乙烯电缆内半导电层、绝缘层和外半导电层三层同时挤出工艺的优点是什么？

提示：可以防止主绝缘与半导电屏蔽以及主绝缘与绝缘屏蔽之间引入外界杂质；防止在制造过程中导体屏蔽和主绝缘可能发生的意外损伤；防止半导电层的机械损伤而形成的突刺；由于内外屏蔽与主绝缘紧密结合，提高了起始游离放电电压。

（4）IEC 标准中关于电缆制造绝缘层内杂质含量的规定有哪些？

提示：不得有径向尺寸大于 $175\mu m$ 的任何杂质（不透明材料或不均匀交联聚乙烯料）；每 $10cm^3$ 体积内的杂质数量不得超过 9 个（按径向尺寸 $50\mu m$ 以上计）；不得有径向突起大于 $120\mu m$ 的任何半透明物。

案例八　　35kV 电力电缆遭外力损坏

一、理论

任何单位和个人不得破坏发电设施、变电设施和电力线路设施及其有关辅助设施。

在电力设施周围进行爆破或其他可能危及电力设施安全的作业，应当按照国务院《电力设施保护条例》的有关规定，经有关单位批准并采取确保电力设施安全的措施后，方可进行作业。

任何单位和个人需要在依法划定的电力设施保护区内进行可能危及电力设施安全的作业时，应当经电力管理部门批准并采取安全措施后，方可进行作业。

二、事故经过

图 5-28　市政单位擅自施工，
不慎将电缆线路挖坏

某公司仓库，由于在暴雨过后严重积水，便委托市政单位修理疏通下水管道工程。市政单位为急于解决仓库积水难题，在既没有电告，也没有联系单位运行人员的情况下擅自施工，修理疏通下水管道施工过程中，不慎将直埋在土壤里的 35kV ZLQF$_{22}$ 的电缆电缆线路挖坏（如图 5-28 所示）。

随后，经现场全力抢修（如图 5-29 所示），该地区供电逐步恢复。

图 5-29　现场抢修电缆故障，抢修人员解剖电缆操作

三、原因分析

（1）外界机械力直接导致。

市政单位修理疏通下水管道施工挖掘过程中，将运行电缆直接挖坏。

（2）施工单位未采取任何保护措施。

市政单位施工前未与公司运行管理人员联系，擅自施工，不对地下管线采取任何保护措施，导致电缆遭外力损坏。

四、吸取的教训

（1）电缆线路保护技术措施薄弱。

（2）擅自野蛮施工对电缆线路安全运行存在极大的威胁。

五、整改措施

（1）加强电缆线路巡视和电缆线路的保护技术措施。

（2）加强对施工单位、管线单位的宣传教育和现场指导。

六、思考题和提示

（1）任何单位或个人在电力电缆线路保护区内作业，应遵守哪些规定？

提示：不得在电缆保护区内堆放垃圾、矿渣、易燃物、易爆物，倾倒酸、碱、盐及其他有害化学物品，兴建建筑物、构筑物或种植树木、竹子；不得在海底电缆保护区内抛锚、拖锚；不得在江河电缆保护区内抛锚、拖锚、炸鱼、挖沙。

（2）《电力设施保护条例》对电力电缆线路保护范围有哪些明确规定？

提示：电力电缆线路：架空、地下、水底电力电缆和电缆联结装置，电缆管道、电缆隧道、电缆沟、电缆桥，电缆井、盖板、人孔、标石、水线标志牌及其有关辅助设施。

（3）《电力设施保护条例》对电力电缆线路保护区有哪些明确规定？

提示：电力电缆线路保护区：地下电缆为电缆线路地面标桩两侧各 0.75m 所形成的两条平行线内的区域；海底电缆一般为线路两侧各 2 海里（港内为两侧各 100m），江河电缆一般不小于线路两侧各 100m（中、小河流一般不小于各 50m）所形成的两条平行线内的水域。

（4）直埋电缆巡视的要求是什么？

提示：电缆通道上不允许建造任何建筑物；不准竖杆打接地桩；不准堆放重物和垃圾；电缆保护区内，未经许可严禁开挖动土。巡视中发现有违章作业或威胁电缆安全情况，应当面制止，提出整改意见，指导施工单位采取保护措施直至整改结束，并及时与施工方上级单位联系，情况严重时汇报护线或上级运行部门。

（5）过失损坏电力设备在法律上是怎样量刑的？

提示：过失损坏电力设备，造成一人以上死亡、三人以上重伤或者十人以上轻伤的；造成一万以上用户电力供应中断六小时以上，致使生产、生活受到严重影响的；造成直接经济损失一百万元以上的；造成其他危害公共安全严重后果的；依照刑法第一百一十九条第二款的规定，以过失损坏电力设备罪判处三年以上七年以下有期徒刑；情节较轻的，处三年以下有期徒刑或者拘役。

案例九 风筝落到导线上造成断路器跳闸重合不成功

一、理论

《电力设施保护条例》规定，"禁止在架空电力线路导线两侧 300m 的区域内放风筝"（如图 5-30 所示）。

在输电线路附近放风筝，风筝线极易挂在输电线路上，一遇到下雨就会受潮，从而有可能引发线路短路漏电，产生安全隐患，甚至可能导致大面积停电，造成巨大的经济损失。

风筝线绝缘性能较差，在高压线下放风筝还会给人身安全带来隐患。

二、事故经过

某日，××变电站 2288 线路保护断路器跳闸，重合闸不成功，故障报告显示 A、B 两相相间故障。线路运行组接到事故特巡命令后，立即组织人员进行特巡，根据周围群众的提示，巡线到 2288 线 32—33 号塔时，发现线路下的树木上有一些风筝线缠绕，并在此处的线路中相导线发现闪络痕迹。特巡人员将此处的风筝线全部清理完毕，进一步检查发现 32—33 号之间近 32 号塔 200m 左右处的导线上还缠绕着一段长度约 25m 左右的风筝线。特巡人员将全部风筝线清理完毕，线路恢复送电成功。

三、原因分析

（1）如图 5-31 所示，游人在线路附近放风筝，风筝线缠绕导线，淋雨后造成闪络。

（2）金属的风筝线一旦挂到高压线上，可能直接引发短路故障。

四、吸取的教训

对线路沿线放风筝的地点加强宣传，必要时竖立警示牌，并加大巡视力度。

图 5-30 禁止在架空电力线路导线两侧 300m 的区域内放风筝

五、整改措施

（1）对沿线能够放风筝的绿地进行统计，加强护电宣传工作。

（2）节假日期间可派人在现场监视。

小风筝"轰"断高压线

图 5-31　游人在线路附近放风筝引发线路故障

六、思考题和提示

（1）线路发生故障，不论重合是否成功，是否都应进行故障巡视？

提示：线路发生故障时，不论重合是否成功，应及时组织故障巡视，必要时需登杆检查。

（2）线路发生故障时应如何巡视？

提示：在巡视中，巡视员应将所分担的巡线段全部巡视完，不得中断或遗漏。发现故障点后应及时报告，重大事故应设法保护现场。

（3）巡视中发现可疑物件应如何处理？

提示：巡视中对所发现的可能造成故障的所有物件应搜集带回，并对故障点现场情况做好详细的记录，以作为原因分析的依据和参考。

案例十　软母线施工接地不规范感应电触电

一、理论

《电业安全工作规程》规定，当验明设备确已无电压后，应立即将检修设备接地并三相短路。

对于有可能送电到停电设备的各方面或停电设备可能产生感应电压的，都应装设接地线。同时要注意，在拆除接地线时，要防止感应电触电。

装设接地线必须先接接地端，后接导线端，并且接触必须良好。拆接地线的程序与此相反。装、拆接地线时，工作人员应使用绝缘棒或戴绝缘手套，人体不得碰触接地线。

成套接地线应由带有透明护套的多股软铜线和专用线夹组成，接地线截面不应小于 25mm²。接地线必须使用专用的线夹固定在导线上，严禁采用缠绕的方式进行接地或短路。严禁使用其他导线作为接地线和短路线。

在改扩建工作及检修工作中，工作人员所处的工作环境基本都是临近间隔或平行线路带电运行的环境。据测算，一条约 10 公里长的 220kV 线路，其所产生的对相临平行检修线路的感应电压高达 10kV。因而在施工过程中要严格执行有关安全绝缘距离的规定，防止感应电对施工人员的伤害。正确规范地运用接地刀、接地线及临时工作接地线是确保施工人员人身安全的必需技能。

二、事故经过

某日 9：30 左右，某公司工作负责人带领施工人员前往某电厂升压站现场，到达后领队发现进线线路旁路母线隔离开关单边带电，为安全起见，立即向电厂值班人员提出旁路隔离开关停电的要求，经协商后，电厂采纳了停电意见，经重新调度操作后，旁路隔离开关已停电，12：30 签发了工作票并许可工作。

工作得到许可后，负责人对施工人员进行了现场分工，由刘某与章某登上构架，张某、王某在隔离开关平台上，其余人在地面放样、压接。因停电线路与运行的另一条线路平行，感应电较大，工作负责人要求先进行工作接地。线路状态简易图如图 5-32 所示。

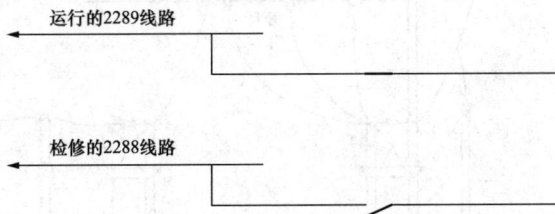

图 5-32　线路状态简易图

两人登上检修的 2288 线路构架后，刘某在 A 相（边相）、章某在 B 相（中相），用 4 根截面积为 4.5mm² 的铝线拧成一股代替接地线，一头先绕在构架横梁上，另一头绕在绝缘子串外侧导线延长拉棒上，使感应电得到释放（如图 5-33 所示），为保持平衡，两人在 A、B 相导线上横了一根毛竹，并同步推着毛竹移到作业点上方进行拆、搭引线工作。

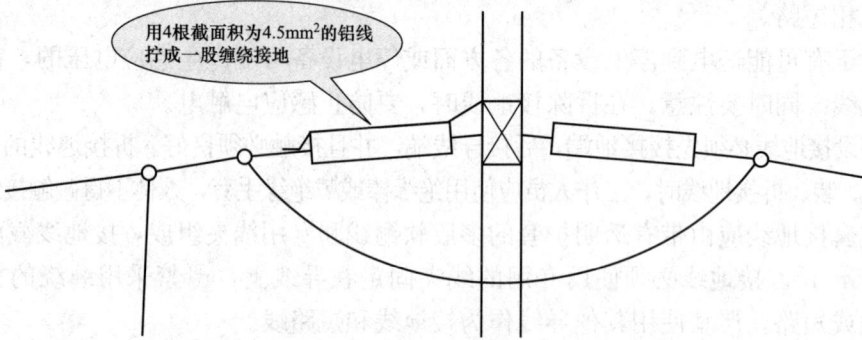

图 5-33　临时接地示意图

14：45 左右，A、B 相引线安装工作结束，两人推着毛竹退到绝缘子串处，章某双手抓住绝缘子准备爬上绝缘子串，左手接触到接地线，而右脚不小心将绕在延长棒上的接地铝线蹬脱，造成人体与接地线串接而导致感应电触电（如图 5-34 所示），章某惨叫一声，扑倒在绝缘子串上。张某、王某立即登上构架进行抢救。在地面人员的配合下，用绳子将章某救了下来。章某手、脚处有明显的被电击灼伤的痕迹（如图 5-35 所示）。地面人员一边对章某做心肺复苏，一边用车将其急送医院，但终因抢救无效死亡。

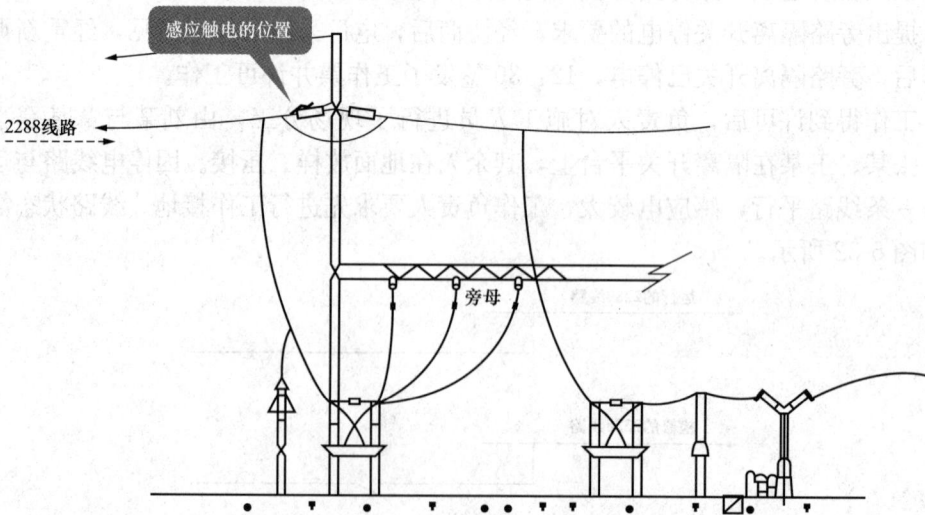

图 5-34　感应电触电示意图

170

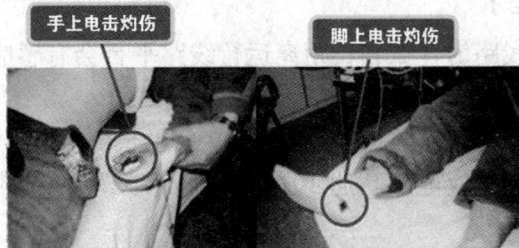

图 5-35　触电时电流经手脚流过，手脚被电击灼伤

三、原因分析

（1）直接原因是施工违章操作，工作接地不规范。接地线不符合《电业安全工作规程　电力线路部分》有关"严禁使用其他导线作接地线和短路线"（应采用截面积为 25mm² 以上带固定夹具的专用铜质接地线）和"接地线连接要可靠，不准缠绕"的规定，反而用了 4 根铝线拧成一股充当接地线在导线端缠绕 2 圈，且未形成牢固的接地连接。章某在退回构架时，右脚不慎将接地线连接导线的一端蹬脱而触感应电。

（2）间接原因包括以下三点：

1）现场防护措施不力。在旧引流线未拆下时，线刀上的接地开关是合上的，整个回路接地，再加上不规范的工作接地，形成了双重接地。但施工作业过程中，隔离开关旧引流线拆下，在新引流线未完全连接的情况下，没有采取有效措施，以保证双重接地。

2）施工人员缺乏安全知识，对感应电的危害认识不足，在整个施工作业过程中未能充分考虑意外情况可能会对人体造成的伤害。

3）施工没有配备专用的接地线，施工习惯用多根铝线缠绕进行接地。

四、吸取的教训

在施工中为赶进度准备不充分，在安全问题上存在侥幸心理，不按规程和作业指导书施工，有的成为习惯性违章。即使没有产生后果，但隐患始终存在，随时可能演变为严重的安全事故。因此，必须严格按照安全规程和作业指导书施工，才能确保安全可控、有控和受控。

五、整改措施

（1）施工班组必要的安全用具必须配备齐全，施工出发前要进行检查。

（2）加强施工人员的技术培训，开工前进行班前交底，要明确交代施工过程的安全风险及防范措施。

（3）在有感应电的平行线路上施工要有至少两点以上的接地保护措施，做到多重保护。

（4）在感应电大的环境或可穿屏蔽服工作的场所要穿屏蔽服施工。

六、思考题和提示

（1）停电或新建线路为什么和长距离运行线路平行会有感应电？感应电有什么危害？

提示：电磁效应，有如发电机。一条约10公里长的220kV线路，其所产生的对相临平行检修线路的感应电压高达10kV，如没有采取可靠的接地安全措施，会发生触电伤亡事故。

（2）在临近有电的软母线上施工要进行接地，对接地线有什么要求？

提示：

1）要用专用的接地线。

2）应先接接地端，后接导线端，接地线连接要可靠。

3）至少有两点以上的接地保护措施，做到多重保护。

4）在感应电大的环境或可穿屏蔽服工作的场所要穿屏蔽服施工。

（3）工作负责人的安全职责是什么？

提示：

1）正确安全地组织工作。

2）负责检查工作票所列安全措施是否正确完备，是否符合现场实际条件，必要时予以补充。

3）工作前对工作班成员进行危险点告知，交代安全措施和技术措施，并确认每一个工作班成员都已知晓。

4）严格执行工作票所列安全措施。

5）督促、监护工作班成员遵守规程，正确使用劳动防护用品和执行现场安全措施。

6）检查工作班成员精神状态是否良好，变动是否合适。

（4）怎样进行线路接地？

提示：应用成套接地线接地，应由有透明护套的多股软铜线组成，其截面积不小于 $25mm^2$，同时应满足装设地点短路电流的要求。

禁止使用其他导线作接地线或短路线。

接地线应使用专用的线夹固定在导体上，禁止用缠绕的方法进行接地或短路。

装设接地线时，应先接接地端，后接导线端，接地线应接触良好，连接应可靠。拆接地线的顺序与此相反。装、拆接地线均应使用绝缘棒或专用的绝缘绳。人体不准碰触未接地的导线。

断开耐张杆塔引线或工作中需要断开断路器、隔离开关时，应先在其两侧装设接地线。

案例十一　铁塔架空线检修时误触带电回路

一、理论

架空电力线路具有结构简单、造价低、建设速度快、输送量大、施工和运行维护方便等显著优点。

二、事故经过

某单位按周期对架空电力线路进行维护。其中一部分 35kV 铁塔位于山区，铁塔采取双回线路，铁塔一侧为 333 线，另一侧为 334 线。当日，333 线运行，334 线停电检修，线路班工作负责人张某带人来到山区。现场班会上张某对班组说："今天 334 线检修，333 线仍在运行，334 线就是铁塔左侧的线路。"张某安排工作班成员分别登塔检修，其中检修人员王某没有仔细确认线路标号，就登上铁塔检修左侧绝缘子（张某与王某面对面，334 线路实际是在王某的右侧）。王某的手刚刚触及 333 线 B 相绝缘子，即发生触电（如图 5-36 所示），解救下来时已经死亡。

三、原因分析

（1）班组检修管理不到位，未带验电器，未执行装设接地线要求。

（2）指令概念模糊，工作负责人张某说"334 线就是铁塔左侧的线路"，面对张某的王某实际是在线路的右侧。

（3）监护不力，由于王某检修的铁塔较远，监护人员没有及时跟上，造成王某单独登塔。

图 5-36　接触 B 相导线发生触电

四、吸取的教训

（1）如图 5-37 所示，线路检修作业必须做好技术措施（验电、放电、挂接地线），否则禁止作业。

（2）不应在两条以上线路检修某条线路时称左侧（或右侧）线路有电，应指明检修的线路和有电的线路。

（3）检修人员登塔检修，监护人员应跟随到场。

图 5-37　线路检修作业必须做好技术措施

五、整改措施

（1）线路检修前准备工作应充分，特别是安全用具。

（2）工作负责人在检修现场布置工作时，应指明检修作业区域（对象）。

（3）必须按已经许可的线路工作票执行安全技术措施，并在许可的作业范围内进行检修。

（4）检修人员登塔作业，监护人员必须随同到场，共同确认检修的线路。

六、思考题和提示

（1）什么是线路现场勘察制度？

提示：根据线路作业特点、现场工作经验和多发事故教训，现场勘察制度在线路作业上是必需的，故增加了现场勘察制度。进行电力线路作业，工作票签发人或工作负责人认为有必要现场勘察的作业，施工、检修单位均应根据工作任务组织现场勘察，并明确现场勘察的作业范围和条件、现场勘察要点和编制"三措"作业项目要求。

（2）为什么线路作业，断路器上要挂"禁止合闸，线路有人工作"的标示牌？

提示：因为线路作业不同于变电站内作业（变电站只要将作业人员召集，确认没有安全问题，可以紧急送电），线路作业的特点之一是变电站运行人员无法掌控线路作业人员的状态。只要该标示牌没有摘除，就意味线路有人作业，所以在任何情况下禁止断路器合闸送电。

（3）架空线基杆应有什么明显标志？

提示：架空线基杆上应有清晰的线路名称和具体的杆号。

（4）登架空线作业前应做哪些安全确认？

提示：核对检修线路的名称无误，验明线路确已停电，装设接地线后，方可以工作。

案例十二　线路下民房失火引起线路跳闸

一、理论

空气击穿的物理过程包括电子碰撞电离、电子崩、流注放电。

气体的放电机理是在一段空气间隙施加一定的电压，空气中的正负离子在电场力的作用下，相互运动而产生电流。当施加的电压到一定程度时，加速正负离子的游离碰撞运动，出现"电子崩"现象，造成气隙的击穿。

影响空气绝缘强度（击穿特性）的因数和相同长度气体的间隙的击穿电压与间隙两侧的电极形状、电压波形以及气象条件（气温、湿度和气压）有关。

空气间隙的击穿电压随着空气密度和湿度的增加而升高，温度增高，放电电压降低。

二、事故经过

某日，××变电站1158/1159线高频保护动作断路器跳闸，重合闸不成功。有关部门接到通知，立即展开线路特别巡查工作，经过多方检查，发现在58～59号近59号100m处的一间民房失火（如图5-38所示），由于失火破坏了空气中的绝缘介质，引起1158/1159线路跳闸，经过检查发现1158/1159两条线上的C相（下相）导线上有闪络白点痕迹，无断股，不影响送电，于是向调度汇报，恢复运行。

图 5-38　高压线下民房失火

三、原因分析

（1）民房建造年代久远，电气线路老化，电器使用不当。

（2）失火的民房处于1158/1159线18～19号近19号100m处的导线下，距离较近，造成火灾，引起线路作业跳闸。

四、吸取的教训

（1）电力线路反外力损坏工作需要引起全社会的共同关注和共同参与。

（2）任何单位和个人不得在依法划定的电力设施保护区内修建可能危及电力设

施安全的建筑物、构筑物，不得种植可能危及电力设施安全的植物，不得堆放可能危及电力设施安全的物品。

五、整改措施

（1）电力管理部门应当按照国务院有关电力设施保护的规定，对电力设施保护区设立标志。

（2）在高压输电线之下及两侧若干距离内不能搭建民房等住宅，全社会应予以配合。

六、思考题和提示

（1）为什么要设置架空电力线路保护区？

提示：设置架空电力线路保护区，是为了保证已建架空电力线路的安全运行和保障人民生活的正常供电。

（2）什么是架空电力线路保护区？

提示：在厂矿、城镇、集镇、村庄等人口密集地区，架空电力线路保护区是导线边线在最大计算风偏后的水平距离和风偏后距建筑物的水平安全距离之和所形成的两条平行线内的区域。

（3）各级电压导线边线在计算导线最大风偏情况下，距建筑物的水平安全距离是如何规定的？

提示：上述具体规定如表 5-1 所示。

表 5-1　　　　　各级电压导线边线距建筑物的水平安全距离

电压等级（kV）	水平安全距离（m）	电压等级（kV）	水平安全距离（m）
1	1.0	66～110	4.0
1～10	1.5	154～220	5.0
35	3.0	500	8.5

（4）电气线路，电气设备发生火灾的主要原因有哪些？

提示：主要的原因大概有以下几条：短路、过负荷、接触电阻大、线路或设备本身质量问题、设备发热引起周边可燃物着火、有爆炸性气体或粉尘存在的环境中，使用非防爆电气设备、静电引起火灾。

第六集

电力系统过电压

案例一 氧化锌避雷器内部击穿事故

一、理论

避雷器是一种并联在电气设备上的电器，用于保护电气设备免受过电压的侵害，一旦出现过电压，它就先放电。如果避雷器存在故障或缺陷，不仅起不到保护作用，严重时还会影响其他设备的运行，甚至酿成事故。

二、事故经过

某地区 220kV 变电站的 2 号主变压器 110kV 侧安装了某厂生产的 Y10W—100/260 氧化锌避雷器，该避雷器的作用是消除电网出现的外部与内部过电压。

某日，该变电站 2 号主变压器差动保护突然动作，2 号主变压器 220kV、110kV、35kV 三侧断路器跳闸，同时 110kV 侧和 35kV 侧分别与其他电源自动切换成功，未造成对下级用户（变电站）的影响。

事故发生后，值班人员立即对 2 号主变压器保护范围内的设备进行检查，发现主变压器 110kV 避雷器 B 相释压口挡板被冲破，避雷器瓷套表面存在发黑的故障现象。从现场的一次接线方式可以确定，此避雷器在差动保护范围内，保护动作完全正确。

三、原因分析

（1）该避雷器投入运行已 10 多年，设备存在一定老化。

（2）事故发生后，经查找该避雷器历年预防性试验记录结果均合格，且事故发生的当天下午在线监察仪数据记录也显示正常，无任何事故征兆出现。由于 B 相避雷器已被击穿，需作调换处理，故决定将其他两相避雷器一同换下，并送避雷器制造厂进行解体检查分析原因。

（3）B 相避雷器进行解体后发现，避雷器内部绝缘隔弧桶已被击穿，而其他两相解体发现避雷器端部密封均有变形的现象。经分析：由于产品结构问题，避雷器密封件防潮性能达不到产品的技术要求，雨水从释压口挡板处渗入，造成避雷器绝缘底座内有积水存在，这种现象在当天拆下的三相避雷器中均有发现。这些水长期在避雷器下囤积，当气温发生变化时，积水化成水蒸气上升，避雷器在这样的环境中运行，日积月累使潮气渗入避雷器内部，造成内部元件受潮，最终导致事故的发生。

四、吸取的教训

（1）避雷器部分设计不合理，造成雨水进入避雷器绝缘底座。

（2）雨水进入避雷器绝缘底座后没有排泄口，导致在避雷器绝缘底座内存有一定的积水，积水受热汽化成水蒸气就造成避雷器内部元件受潮。

（3）由于避雷器安装基座的位置原因，当避雷器进行预防性试验时，无法观察避雷器底座内的状况。

五、整改措施

（1）避雷器制造厂吸取本次产品缺陷的教训，对该类避雷器进行改进。

（2）电力部门对于此类设备立即进行清理，并列入计划更换。在新建和改建项目中，对平面基础有可能造成积水现象的，在其基础上开出相应的孔和槽，以便雨水及时流出，防止避雷器绝缘受潮。

（3）避雷器日常修试工作中，应加强对试验数据的分析，详细观察历次试验数据的变化趋势；同时加强运行中在线监察仪数据的变化，特别在湿度潮气较高的气候条件下，更要加强巡视，以便及时发现设备缺陷，防止事故的发生。

六、思考题和提示

（1）避雷器是如何对设备起保护作用的？

提示：避雷器接于线路（母线）与地之间，常与被保护的电气设备并联，在额定工作电压时，呈现高阻开路状态。当电气设备受到过电压时，避雷器便呈现低阻短路状态，发生放电，将线路直接或经电阻接地，以限制过电压。当过电压作用过去后，避雷器能迅速截断工频续流，使系统恢复正常运行，避免供电中断。

（2）输电线路上避雷器放电后，继电保护通常情况下为什么没有跳电指令？

提示：一般避雷器放电后几毫秒就恢复了绝缘状态（除非避雷器因放电损坏），而继电保护动作时间通常在 20ms 以上，所以没有跳电指令。

（3）目前应用最广泛的避雷器是什么类型？

提示：氧化锌避雷器具有动作快、通过电流大、残余电压低、无续流等特点，目前得到广泛应用。

（4）避雷器的续流是怎么回事？

提示：假设避雷器因雷电压击穿，雷电流放电完毕后，电网也会通过避雷器释放电流，电网的放电电流就是续流，一般避雷器能截断续流。

避雷针与避雷器接地混接雷击事故

一、理论

避雷针及其接地装置不能装设在人、畜经常通行的地方，和道路的距离应在 3m 以上，否则要采取保护措施。与其他接地装置和配电装置之间要保持规定距离：地面不小于 5m，地下不小于 3m。

二、事故经过

某公司有一座 10/3.15kV 变电站，主变压器 3.15kV 侧出线母排采用全封闭桥架方式进入室内金属铠装高压柜。金属铠装高压柜有 10 余面，10/3kV 进、出线路全部采用电缆。电压互感器与母线氧化锌避雷器处于一面柜中，避雷器的接地与室外露天单根避雷针接地混接。

夏天某日，变电站上空出现雷暴。其中一次雷电对避雷针放电后，3kV 金属铠装柜内发生爆炸。雷电散去后，运行人员检查发现避雷器柜内的一相避雷器已经爆炸，其他两相避雷器与电压互感器不同程度损坏。

三、原因分析

（1）如图 6-1 所示，室外避雷针接地与室内金属铠装柜内避雷器接地混接是此次事故发生的直接原因。

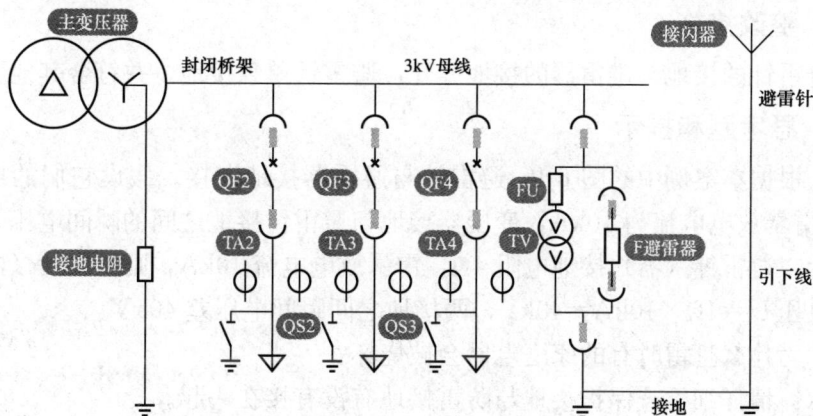

图 6-1　避雷针与避雷器接地混联图

（2）雷电对避雷针放电后，雷电流经避雷针接闪器、引下线、接地电阻（大地）在接地线上形成高雷电压，是此次事故发生的主要原因。

（3）如图 6-2 所示，接地线上的高雷电压对避雷器形成"反击"，超出避雷器的承受能力导致避雷器爆炸，是此事故发生的重要原因。

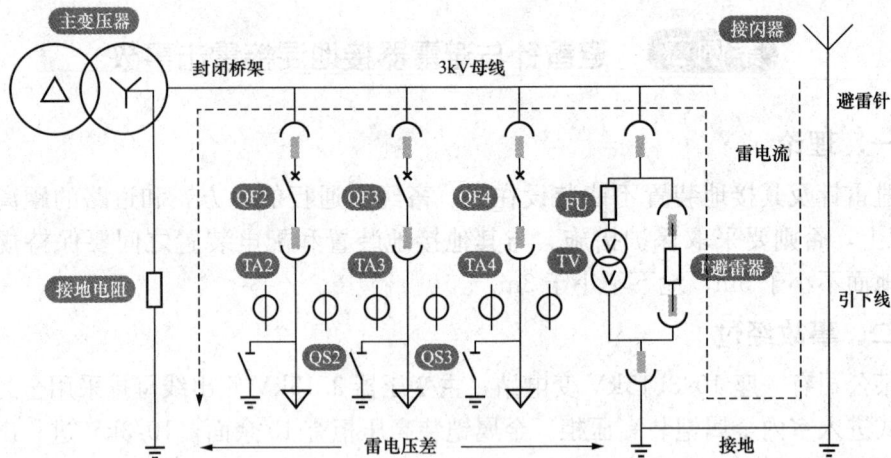

图 6-2 雷电流（压）反击示意图

四、吸取的教训

（1）避雷针的功能是针对雷暴放电设置的，变电站避雷器功能除了对雷电以外，还考虑电力系统内部过电压，两者的对象有所不同。

（2）避雷针在雷暴放电过程没有任何伤害，而避雷器对雷暴放电容量不够时可能爆炸，具有破坏性。

（3）根据避雷针、避雷器的工作特点，避雷针与避雷器的接地不应混接。

五、整改措施

将避雷针的接地与避雷器的接地分开，避雷针单独接地，并符合其他要求。

六、思考题和提示

（1）根据本案例中的图 6-1，避雷针与避雷器接地混接。假设它们的接地电阻是 4Ω，雷暴放电电流为 10kA，变压器接地与避雷针接地之间的瞬间电压差多少？

提示：避雷针（器）接地电阻 4Ω，雷暴放电电流 10kA，则避雷针（器）接地电阻上电压 $U = 4Ω \times 10kA = 40kV$，两接地之间瞬间电压差 40kV。

（2）为什么打雷时有的家庭电器会被烧坏？

提示：请仔细检查保护接地与防雷接地有没有接在一起。

（3）电力系统过电压分为几类：

提示：分为两类，即外部过电压和内部过电压。

（4）外部过电压与内部过电压的区别在哪里？

提示：外部过电压是自然环境中气象条件产生的，主要是雷电对电力系统放电产生的过电压；内部过电压是电力系统内部能量转换或传递产生的，如谐振过电压。

案例三　混合线路扩大事故

一、理论

低电阻接地方式在电网发生单相接地时，能获得较大的阻性电流，直接跳开线路断路器，迅速切除单相接地故障，过电压水平低，谐振过电压发展不起来，电网可采用绝缘水平较低的电气设备。

如果中性点采用经低电阻接地的系统，单相接地时短路故障电流一般小于1kA，那么目前的 10kV 电缆铜屏蔽层均能够承受。但如果继保拒动，考虑到散热的影响，铜屏蔽层容易被烧断。而对于中性点经消弧线圈接地的系统，两相异点同时发生故障的概率较大，其短路电流一般在 15～20kA，电缆的铜屏蔽层会因为承受不了短路电流的冲击而被烧毁从而留下隐患或扩大事故。对于中性点不接地或经消弧线圈接地系统，采用铜屏蔽带的电缆铜屏蔽层一般不能承受故障电流，尤其是在有电缆和架空线混合线路中，重合闸装置更容易导致事故扩大。

二、事故经过

钢 8（××变电站至××大厦甲）电缆线路（电缆型号为 ZLQ_{02}—10kV $3 \times 240mm^2$）跳闸，故障点位于××路××路口的本体上（距离 13 号接头约 30m）。现场检查电缆，剖开铅包发现纸绝缘击穿一洞（如图 6-3 所示）。

某日下午，××路因市政土建挖掘施工，不慎将某用户电缆（型号为 YJV_{22}—10kV $3 \times 35\ mm^2$，全长 81.9 m）B 相挖坏，引起××站内钢 16（××站至××路××路南架空线，电缆线路型号为 ZLQ_{02}—10kV $3 \times 240mm^2$，全长 1971.5 m）零流动作、16：15 断路器跳闸、重合闸不成功。某用户电缆外损现场电缆照片如图 6-4 所示。

××变电站 10kV 钢 16、钢 8 电缆线路均在同段副母。

图 6-3　钢 8 电缆绝缘击穿一洞　　　图 6-4　某用户电缆外损现场照片

图 6-5 钢 8 电缆绝缘薄弱之处屡屡
受损，直至击穿

三、原因分析

因某用户电缆外力损坏单相接地，引起未故障两相及系统相电压升至线电压。R 路架空线钢 16（从××站送至××路××路南架空线电源电缆线路），由于电缆与架空混合线路的自动重合闸装置，致使××站钢 16 电缆线路与邻近仓钢 8 电缆线路遭受重复过电压冲击，导致钢 8 电缆导体上毛刺局放，绝缘薄弱之处屡屡受损，直至击穿（如图 6-5 所示）。

（1）钢 8 电缆上导体毛刺局放，绝缘薄弱，遭受重复过电压击穿。

（2）钢 16 电缆与架空线的混合线路重合闸。

（3）某电缆单相接地故障引起非故障两相电压升高至线电压。

（4）钢 16 与钢 8 电缆线路在××变电站内同段副母，相邻仓。

四、吸取的教训

外力损坏是电缆线路故障的潜在威胁。

五、整改措施

（1）加强电缆线路运行巡视保护的力度，减少外力损坏事故发生。

（2）市中心区域采用全线电缆供电系统，中性点均改为低电阻接地方式，电缆线路发生单相接地故障跳闸，避免扩大事故。

六、思考题和提示

（1）电力系统中性点接地属于工作接地还是保护接地？

提示：属于工作接地，它是保证电力系统安全可靠运行的重要条件。

（2）工作接地分为哪几类？

提示：工作接地分为直接接地与非直接接地（包括不接地或经消弧线圈接地或经电阻接地）两大类。

（3）低电阻接地方式存在哪些问题？

提示：存在两个问题：电缆线路中性点接地，大电流电弧有可能烧毁电缆并波及同一通道内的相邻电缆，可能会扩大事故或酿成火灾；可能引起地电位升高，超过安全允许值。

（4）为何说这次钢 16 事故扩大到钢 8 事故的诱因是由混合线路重合闸装置引发？

提示：如果没有线路重合闸装置，某电缆发生外力损坏，引起钢 16 跳闸，同 10kV 副母段的钢 8 不会遭受重复过电压冲击，导致 30min 后击穿，故障引起的过电压或过电流使钢 8 电缆绝缘受到影响。对于中性点不接地或经消弧线圈接地系统（××变电站属于经消弧线圈接地系统），采用铜屏蔽带的电缆铜屏蔽层一般不能承受故障电流。钢 8 电缆故障证明：尤其是在有电缆和架空线混合线路时，重合闸装置更容易引起事故扩大。

雷电击穿 35kV 电缆终端引发故障

一、理论

在防雷装置中用以接受雷云放电的金属导体称为接闪器。接闪器包含避雷针、避雷线、避雷带、避雷网等。所有接闪器都要经过接地引下线与接地体相连，可靠地接地。

依据电力行业标准《交流电气装置的过电压保护和绝缘配合》的规定，除按雷电过电压保护的要求外，还应考虑防止操作过电压的需要配置避雷器。为了在各种运行方式下，有效地限制 220kV 变电站主变压器 35kV 侧的操作过电压，新建工程宜在主变压器 35kV 侧装设无间隙氧化锌避雷器，该避雷器应能承受操作过电压作用下的能量。

当采用 35kV 断路器柜时，主变压器 35kV 侧配置的避雷器与断路器柜及其他被保护设备之间电气距离的校核满足要求时，35kV 断路器柜母线上可不再装设避雷器。

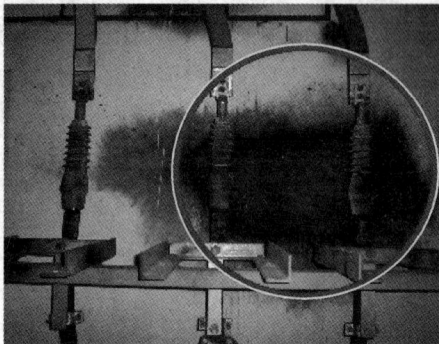

图 6-6　电缆终端头
B、C 两相遭雷击放电照片

二、事故经过

某日 18：00，天空开始降落大雨，并伴随雷鸣闪电，本次雷电活动由北向南发展，耳听雷声并不是特别强烈，说明雷电活动以云中放电为主。18：24，××变电站电缆（电缆型号为 YJV$_{22}$—35kV 3×400mm^2）进线过流 I、II 阶段动作，断路器跳闸，重合不成功。同时，3 号主变压器 10 kV 低电压动作，断路器跳闸，10kV II、III 段自切成功，10 kV II、III 段分段断路器合闸。19：00，××变电站值班员告知站内出线电缆头爆炸事故（如图 6-6 所示）。

三、原因分析

（1）雷电活动集中区域与电缆线路较近。由于雷电活动集中在市区，即本案例电缆所在区域，与电缆线路垂直距离约为 200m，致使遭受雷击，雷电流为－6.9kA（负极性）。

（2）终端头接管与导体受雷电后有熔解现象。雷击点与故障跳闸时间相符，电缆终端头表面绝缘受雷电袭击，终端接管与导体连接处有熔解现象，导致电缆终端击穿故障。

四、吸取的教训

对故障是否由雷击引起要作出准确的判断。因为雷电定位系统的时间是 GPS 系统提供的，精度极高，而中压系统一般具有很高的自动化水平，通常跳闸等故障记录时间可以精确到 0.01s，这样通过时间的一致性判断，可以对故障是否由雷击引起作出准确的判断。

五、整改措施

（1）对某地区雷电活动影响 35kV 及以下中压输变电设备加强保防措施。

（2）通过对某雷电趋势及通过对各年的雷电情况分析，在每年雷电活动的高峰期前做好准备，对避雷和接地薄弱的电站和线路，尤其是中压输变电设备加强保护措施。

六、思考题和提示

（1）防雷装置的工频接地电阻一般要求不超过多少？

提示：防雷装置的工频接地电阻一般要求不超过 10Ω。

（2）雷电过电压的基本类型可分为几类？

提示：雷电过电压的基本类型有直击雷、感应雷、雷电波三类。

（3）接闪器有哪些类型？

提示：接闪器包含了避雷针、避雷线、避雷带、避雷网等。

案例五　雷击造成上级变电站越级跳电

一、理论

变电站是电网输电的枢纽,一旦变电站设备受到雷击损坏将导致停电事故,并造成经济损失,因此必须采取可靠的防雷措施。

输电线路上遭受直击雷或发生感应雷,雷电波会沿着输电线侵入变、配电站或电气设备。

二、事故经过

某上级变电站 10kV 电源通过中 11、中 12 两台断路器,分别向下级变电站 10kV 一段、二段母线供电。下级变电站的 10kV 一段、二段母线之间的分段断路器处于热备用状态,馈线 50 乙负载挂在 10kV 二段母线上。

某日,该供电区域出现雷暴天气,在一个闪电过后,电力调度的 SCADA 信息报警:上级变电站的中 12 断路器跳闸。随后上级变电站向电力调度汇报:中 12 过流保护 A、B、C 三相均出现跳闸信号,断路器跳闸,同时有 B 相接地记录。

紧接着下级变电站向电力调度汇报:

(1) 本站 10kV 二段母线失电,该母线所有馈线无保护动作,断路器处于合闸位置。

(2) 50 乙开关仓内三相电流互感器烧毁(如图 6-7 所示),电流互感器与断路器侧桩头连接排的直角端均有不同程度的烧熔,B、C 两相电流互感器外壳接地线及二次小线烧断,仓内无异物。

(3) 三相电流互感器处于线路隔离开关仓内的一侧,外壳绝缘有熏黑痕迹(如图 6-8 所示),隔离开关仓内无故障及异物显示。

(4) 10kV 二段避雷器计数器动作 1 次,站内屋顶无渗漏,设备无受潮、凝露现象。

图 6-7　烧毁的电流互感器　　　　图 6-8　熏黑的电流互感器下部

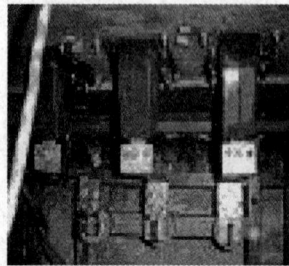

三、原因分析

(1) 雷电击中了下级变电站的 50 乙线路 B 相。

(2) 雷电击中 50 乙线路 B 相后，侵入下级变电站线路 B 相的电流互感器处，对二次小线及接地线放电，上级变电站中 12 故障记录中先有 B 相接地记录，说明雷电击中 B 相，同时避雷器放电。雷电在 50 乙 B 相电流互感器 10kV 桩头对二次小线及接地线放电后，闪络处高压金属游离气体扩散引起相间短路，电流互感器断路器侧桩头连接排的直角端均有不同程度的烧熔。由于 50 乙线路电流互感器二次线烧损，继电保护装置没有故障电流输入，无法动作。故障情况如图 6-9 所示。

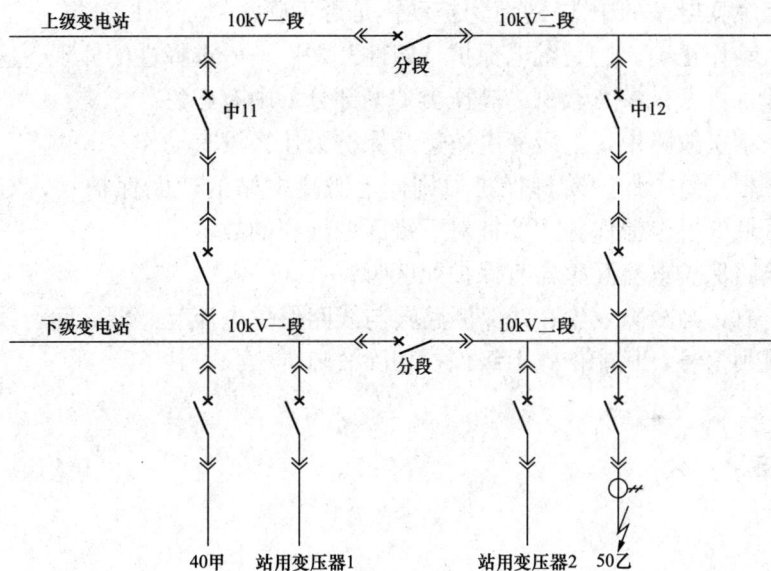

图 6-9 供电及故障回路示意图

(3) 上级变电站的中 12 断路器作为下级变电站的后备保护，过电流动作跳闸，故障被切除。

四、吸取的教训

(1) 电流互感器的二次小线属低压回路，50 乙线路的电流互感器二次小线与一次高压距离太近，是导致雷电放电烧损故障发生的直接原因。

(2) 电气设备安全间距不够，过电压、潮气等也是造成电气放电故障发生的重要原因。

(3) 对雷击危害缺乏深入的分析和研究，缺乏有效的防范措施。

五、整改措施

(1) 更换烧损的 50 乙线路电流互感器。

（2）重新排放 50 乙电流互感器二次小线，排放的小线与高压的间距要符合相关规定。

（3）举一反三，检查其他馈线电流互感器二次小线是否存在同样的问题，如存在要进行整改。

（4）加强对继电保护的管理，对继电保护装置进行全面的检查和校验，对电网的继电保护值进行全面、认真的复核。

六、思考题和提示

（1）本次雷击放电下级变电站 50 乙馈线继电保护为什么没有动作？

提示：可从本事故案例的事故原因分析（2）中找到答案。

（2）上级变电站的中 12 过流保护动作是否正确？

提示：动作正确。这是继电保护"四性"之一——选择性的体现。这点在《电工进网作业许可考试参考教材　高压类理论部分》中有解答。

（3）在本次故障中，上级变电站速断保护为什么没有动作？

提示：根据继电保护阶梯保护原则，上级变电站的速断保护只针对本区域故障，而本区域的过电流保护主要针对下级区域出现的故障。

（4）线路保护电流互感器有保护死区吗？

提示：有，当故障发生在线路断路器与线路保护电流互感器之间，线路断路器不会得到跳闸信号，只能依赖上级保护切除故障。

案例六 系统谐振导致 10kV 电压互感器烧坏

一、理论

中性点不接地的电力系统发生单相接地时，由于三相线电压不发生改变，三相用电设备能正常工作。但是当发生单相完全接地时，非故障相对地电位升高为线电压，容易引起绝缘损坏，造成事故。

二、事故经过

某日 4：27，35kV××变电站后台监控频繁报警，后台监控电脑死机，无法正常监控运行数据。

值班人员重启后台监控电脑后，检查了主变压器保护屏主变压器低压侧保护测控装置，显示：该装置运行正常，无告警、无动作；主变压器低压侧 901 断路器运行正常，无接地、无放电现象；10kV 各出线断路器无接地、无放电现象；10kV 918 电压互感器柜运行正常，消谐装置无谐振、无接地报警；$3U_0$ 电压有效值为 0V；10kV 电压互感器电压表三相电压平衡。据以上数据判断系统故障消除。

5：35，后台监控又开始频繁报警，后台监控电脑死机，无法正常监控运行数据，值班人员重启后台监控电脑后仍继续频繁报警致使后台监控电脑再次死机。值班人员再次重启后台监控电脑，并切断主变压器低压侧保护测控装置输出信号后，发现 10kV 母线三相线电压极不平衡。变电站值班员当即通知了车间配电室运行值班人员并要求停电。因当时机组设备正在运行，车间配电房运行值班人员要求先打铃停运机组设备后再停电。

6：26，后台显示：10kV 母线相电压三相不平衡。

6：27，10kV 918 母线设备柜电压互感器开始冒烟，当班人员果断地断开 10kV 901 进线断路器，切断 10kV 母线电源，从而避免了事态的进一步恶化。打开 10kV 918 柜后柜门，发现 A 相电压互感器烧坏，外部树脂熔化（如图 6-10 所示）。

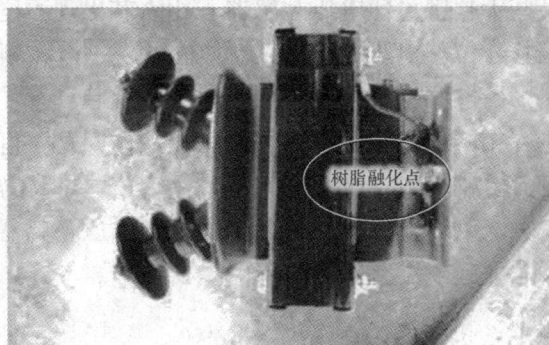

图 6-10 烧坏的 10kV 电压互感器

三、原因分析

在中性点不接地的电力系统中，电压互感器烧毁是相对常见的事故。本站 10kV 电压互感器就是在中性点不接地的方式，或称小电流接地方式下运行。

事后对现场进行检查，发现：站内 10kV 母线、电压互感器柜出口所有二次线、接线方式，均没有发现异常。站外各出线电缆经检测也均无异常，不排除出线有隐性间歇性的瞬间接地故障。后台波线图显示相电压异常，线电压相对平稳无明显导常。三只电压互感器 间距相对较近，星形接线，接线正确。

根据检查结果，对电压互感器烧毁事故分析，得到以下结论：

4：27，就已发生极短暂的间歇性故障，时好时坏，故障信号电流较大，故而导致电脑死机，重启后，故障正好消失，无接地报警，$3U_0$（零序电压）为零。电脑死机掩盖了事故真相延误了发现事故。

5：35，故障变得明显起来。按电网调度规程，值班人员通知出线用户可以有 2h 的自查时间，但后来发现电压互感器柜内浓烟冒出，运行人员当机立断强行将 10kV 母线总断路器 901 断开，使事故没有进一步扩大。

结合事后的检查情况排除了电压互感器二次线接线错误、消谐装置击穿故障、单相接地事故。用高压摇表检查母线系统、馈线线路、电容系统、避雷器，均没有查出明显接地故障点。

电压互感器自身的散热条件较差，由于断路器柜空间小电压互感器安装距离太近，产生涡流，导致电压互感器发热，是引起电压互感器烧坏的间接原因。

铁磁谐振过电压：在中性点不接地系统中，正常运行时，由于三相对称，电压互感器的励磁阻抗很大，大于系统对地电容，即 $X_L > X_C$，两者并联后为一等值电容，系统网络的对地阻抗呈现容性，电网中性点的位移基本接近于零。

但系统会产生扰动，如单相完全接地造成谐振或单相弧光接地造成谐振，由于线路瞬时接地，使健全的相电压忽然上升，产生很大的涌流，从而一举烧毁电压互感器。

总之，系统的某些干扰都可使电压互感器三相铁芯出现不同程度的饱和，系统中性点就有较大的位移，位移电压可以是工频，也可以是谐波频率（分频、高频），饱和后的电压互感器励磁电感变小，系统网络对地阻抗趋于感性，此时若系统网络的对地电感与对地电容相匹配，就形成三相或单相共振回路，可激发各种铁磁谐振过电压。此时励磁电流急剧加大，电流大大超过额定值，导致电压互感器铁芯剧烈振动，使电压互感器一次侧熔丝过热烧毁，进而加剧电压互感器的损坏进程。

因此，电网谐振是引起电压互感器烧坏的主要原因。

四、吸取的教训

（1）碰到故障切忌遇事慌乱或优柔寡断，要果断处置。在此次事故中，如果不是果断地切断总电源，事故会扩大，甚至会导致更大的事故。

（2）分清问题的主次，迅速切断主要事故源。在此次事故中，电压互感器出现问题是主要原因，电脑死机是次要原因。本事故开始的时候一直将关注点集中在了处理电脑死机上，丧失了更好的机会。

五、整改措施

（1）在更换安装电压互感器时，加大了电压互感器之间的间隔距离，由原来不到 10mm 的距离增加到 30mm 以上。

（2）在现阶段没有可采取的技术措施以前，将可带接地故障连续运行的时间从 2h 改为 40min 甚至更短的时间，在不影响重要负荷的情况下，立即予以处理。

（3）加装小电流接地选线保护装置，确保接地时保护装置能准确判断接地发生的线路并及时断开，而不扩大停电范围。

六、思考题和提示

（1）中性点不接地系统单相接地时，其他相对地电压是多少？

提示：其他相对地电压是线电压。

（2）规程规定小电流接地系统单相接地时，是否必须马上停电退出运行？

提示：最多可再运行 2h。

（3）安装电压互感器有什么要求？

提示：一、二次绕组都要装设熔断器；二次绕组、铁芯和外壳都必须可靠接地；二次回路只允许有一个接地点。

（4）电压互感器停用要注意什么？

提示：停用电压互感器时，应将有关保护和自动装置停用，以免造成装置失压误动作；为防止电压互感器反充电，停用时应将二次侧熔丝取下，再拉开一次侧隔离开关。

继电保护自动装置与二次回路

变压器定时限过电流保护动作失去选择性

一、理论

选择性是指电力系统发生故障时，保护装置仅将故障切除，而非故障元件仍能正常运行，以尽量缩小停电范围的一种性能。

装设在变压器电源侧的定时限过电流保护，反应变压器保护范围外部（区外）故障引起的变压器过电流，并作为变压器负荷侧电流速断保护的后备保护，为了使上、下级各电气设备继电保护动作具备选择性，过流保护在动作时间整定上采取阶梯原则，即位于电源侧的上一级保护的动作时间比下级保护时间长。

过电流保护的动作时限一经整定后就固定不变，构成定时限过电流保护。

二、事故经过

事故前的一次接线如图 7-1 所示，事故前所有断路器为合闸状态。

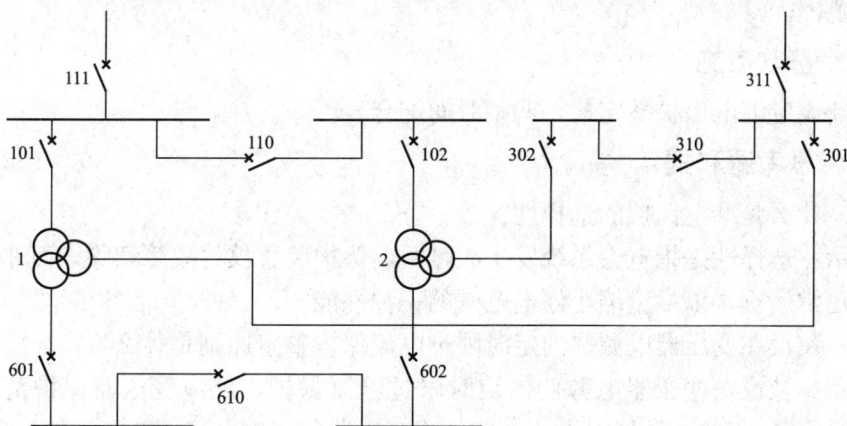

图 7-1　事故前的运行状态图

某日 17：15，控制室事故警铃、喇叭鸣响，110kV 断路器 101、102 和 35kV 断路器 310、301、302，以及 10 kV 断路器 601、602 跳闸。值班人员经现场检查发现，断路器 311 绝缘损坏，断路器 301 未跳闸。

三、原因分析

此次事故主要反映出定时限过电流保护整定在选择性上暴露的问题，即在此种故障情况下，非故障元件未能正常运行，扩大了停电范围。

当 311 发生故障后，在断路器 310 跳闸前 1 号主变压器和 2 号主变压器的故障电流流向路径如图 7-2（a）所示。此时，故障电流从 110kV 流向 35kV，10kV 没有电流流过。

但在 2.1s 后，35kV 分段断路器跳闸，故障电流的流向路径发生了很大变化，原来从 2 号主变压器 110kV 的电流不是直接通过 35kV 路径，而是通过主变压器 10kV 的路径流向故障点［如图 7-2（b）所示］。主变压器 10kV 分段断路器和主变压器断路器的动作时间分别是 1.5s、1.8s，而主变压器 110kV 跳三侧的整定时间在 35kV 分段断路器跳闸后仅剩下 0.6s（2.7s－2.1s），所以 1 号主变压器 110kV 三侧跳闸发生在 10kV 侧后备保护动作之前。

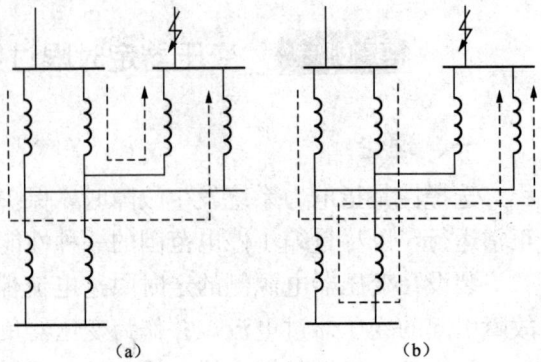

（a）　　　　　　　（b）

图 7-2　复合过流保护工作原理图

四、吸取的教训

在继电保护整定设定时在时间配合上必须考虑各种工况，以防止保护误动、扩大停电范围。

五、整改措施

重新设定继电保护整定值，调整时间配合。

六、思考题和提示

（1）什么是继电保护的选择性？

提示：选择性是指电力系统发生故障时，保护装置仅将故障切除，而非故障元件仍能正常运行，以尽量缩小停电范围的一种性能。

（2）装设在变压器电源侧的定时限过电流保护整定原则是什么？

提示：装设在变压器电源侧的定时限过电流保护，反应变压器保护范围外部（区外）故障引起的变压器过电流，并作为变压器负荷侧电流速断保护的后备保护，为了使上、下级各电气设备继电保护动作具备选择性，过流保护在动作时间整定上采取阶梯原则，即位于电源侧的上一级保护的动作时间比下级保护时间长。

（3）简述变压器保护配置。

提示：根据继电保护有关规定，变压器应装设以下保护：电流速断保护、气体继电器保护、纵差动保护、过电流保护、零序保护、过负荷保护。

案例二　差动保护电流互感器极性错误引发事故

一、理论

对于容量在 10000kVA 以上单独运行的变压器和容量在 6300kVA 及以上并列运行的变压器，都应装设电流纵联差动保护。

二、事故经过

某公司有一台电压为 10/3.15kV、容量为 10000kVA 的从某国进口的油浸式变压器（差动接线方式如图 7-3 所示），运行 20 年后发现有漏油现象。为处理漏油，该公司将此变压器运走，吊来一台容量、电压等级、接线组别均相同的该国其他厂家制造的油浸式变压器。经电气试验，恢复变压器一次、二次接线后，应生产要求，立即送电。但带上部分负荷后立即跳电，差动继电器动作，显示变压器内部故障。

三、原因分析

（1）变压器送电前经过电气试验，结果良好。跳电后再次试验，没有发现问题，排除变压器本体存在问题。

（2）差动继电器试验良好，差动回路二次小线从原变压器身端子箱拆下后，按原位置恢复，没有更换过。

（3）变压器差动保护用 10kV 电流互感器、3.15kV 电流互感器全部安装在变压器上套管内。经检查发现 3.15kV 侧差动保护电流互感器极性接反（如图 7-4 所示）。仔细查看变压器铭牌，发现同为该国不同厂家生产的变压器电流互感器，

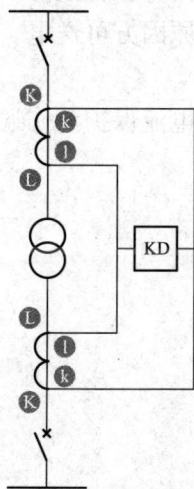

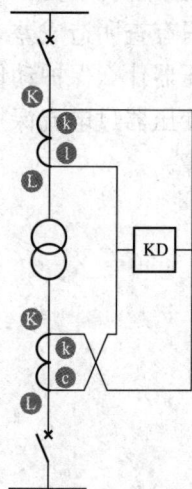

图 7-3　原变压器差动接线正确　　　　　　图 7-4　变压器差动接线错误

安装方式不同，极性方向就不同（高压侧电流互感器与低压侧电流互感器 K 方向不同）。接线人员没有看仔细，只是按电流互感器 K 端恢复，造成差动电流叠加动作。

四、吸取的教训

（1）新换变压器一定要检查电流互感器极性，特别是差动保护。

（2）更换变压器及拆装过差动保护回路的二次线，一定要做通电试验，检查差动保护回路的正确性。

（3）不应为恢复生产急于送电，否则发现问题反而会增加停电时间。

五、整改措施

（1）按新变压器电流互感器 K 端实际标示变换二次回路小线的接线。

（2）变压器 10kV 侧加电流，3.15kV 侧短路，测量差动保护中的差电流。

六、思考题和提示

（1）变压器在什么情况下应装设纵联差动保护？

提示：对 6.3MVA 及以上厂用工作变压器和变联运行变压器，10MVA 级以上厂用变压器、备用变压器和单独运行的变压器都应装设纵联差动保护。

（2）变压器差动保护的原理是什么？

提示：变压器差动保护是利用变压器两端的电流互感器电流差的原理。即在变压器两端电流互感器之外发生的故障，电流差很小，继电器不动作。在变压器两端电流互感器之间发生的故障，电流相加，继电器动作。

（3）差动继电器动作，变压器跳电后为什么不能立即送电？

提示：通常情况下变压器差动保护动作说明变压器内部存在故障，所以不允许立即送电，只有查明造成差动保护（误）动作的，其他原因方可送电。

（4）变压器什么保护动作跳电允许试送电一次？

提示：变压器过电流保护允许试送电一次，因为过电流保护动作通常是变压器外部发生故障。

案例三　电流互感器二次侧开路引发事故

一、理论

电流互感器是一种特殊的变压器，一次侧线圈匝数很少，而二次侧线圈匝数很多。在二侧开路时，一次侧电流均成为励磁电流，使磁通和二次侧电压大大超过正常值而危及人身和设备安全。而且可能导致继电保护装置因为无电流而无法反映故障，对于差动保护和零序保护，则可能因开路时产生不平衡电流而误动作。因此，电流互感器在运行时二次侧严禁开路。

电流互感器在正常工作状态时，根据磁势平衡的原理可以得到：$\dot{I}_1 N_1 + \dot{I}_2 N_2 = \dot{I}_0 N_1$。二次侧负荷产生的二次侧磁势 $I_2 N_2$，对一次侧磁势 $I_1 N_1$ 有去磁作用，因此，励磁磁势 $I_0 N_1$ 及铁芯中的合成磁通 Φ_0 很小，在二次侧绕组中感应的电势不超过几十伏。

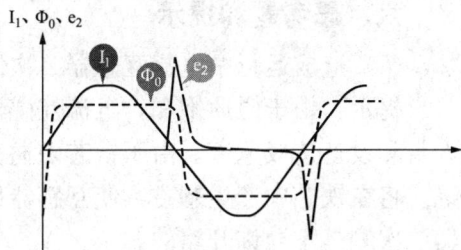

图 7-5　电流互感器二次侧开路时曲线

如图 7-5 所示，当二次侧开路时，二次电流 $I_2 = 0$。二次侧的去磁磁势 $I_2 N_2$ 也为零，而一次侧磁势 $I_1 N_1$ 不变，所以 $I_1 N_1$ 全部用于激磁，励磁磁势 $I_0 N_1 = I_1 N_1$，合成磁通很大，使铁芯出现高度饱和。此时，磁通 Φ_0 的波形接近平顶波，由于二次线圈感应电势与磁通的变化率 $\mathrm{d}\Phi/\mathrm{d}t$ 成正比，因此二次线圈将在磁通过零时感应产生很高的尖顶波电势，其值可达数千甚至上万伏。

二、事故经过

某日，××供电公司继电保护工作人员张某在××变电站将220kV 486 断路器的控制、测量回路由原486 控制屏搬移到新的486 控制屏。张某和工作负责人黄某在无人监护、又未仔细核对图纸与接线的情况下，误拆装在原486 控制屏上运行中的远动用二次电流回路的端子。因电流互感器二次回路开路产生高电压，电流通过张某心脏导致其触电，后经抢救无效死亡。

三、原因分析

（1）工作负责人黄某、继电保护工作人员张某违反《电业安全工作规程》和《继电保护现场工作保安规定》，未核对图纸与接线，造成电流互感器运行中二次开路。

（2）调度所安装的远动回路过渡端子排未按规范要求接线和标字。

(3) 调度所未及时向××供电局移交远动方面的图纸资料，使继电保护工作人员缺少准确依据。

四、吸取的教训

(1) 调度所整改远动接线系统，尽快移交图纸。

(2) 整理各变电站二次图纸，做到图纸与实际相符。

(3) 强调各生产部门的职责分工，划清设备管理范围。

(4) 充实一线班组力量，整顿劳动纪律。

五、整改措施

(1) 严格按《电业安全工作规程》和《继电保护现场工作保安规定》中的规定操作。

(2) 及时做好图纸等重要材料的移交整理工作。

六、思考题和提示

(1) 造成运行中电流互感器二次回路开路将产生哪些后果？

提示：由于磁通饱和，电流互感器二次侧将产生数千伏高压，且波形改变，对人身和设备造成危害。由于铁芯磁通饱和，使铁芯损耗增加，产生高热，会损坏绝缘。将在铁芯中产生剩磁，使互感器比差和角差增大，失去准确性，所以电流互感器二次侧是不允许开路的。

(2) 常见的造成电流互感器二次回路开路的原因有哪些？

提示：交流电流回路中的试验端子或连接片，由于结构和质量上存在的某些缺陷，在运行中也会发生内部器件连接不良而造成开路。二次回路中二次线端子接头压接不紧，回路中电流很大时，发热或氧化严重造成开路。室外端子箱、接线盒受潮，端子螺丝和垫片锈蚀严重造成开路等。

(3) 修试人员哪些动作可能造成电流互感器二次回路开路？

提示：修试人员由于工作失误，忘记将继电器或仪表内部的接头接好，验收时又未发现。

案例四 35kV内桥接线故障引起主变压器停电事故

一、理论

变电站电源35～110kV线路为两回及以下时，宜采用桥式、线路变压器组或线路分支接线。

桥式接线是单母线分段的变形，分为内桥接线和外桥接线。内桥接线分段断路器安装在两路线路断路器内侧，外桥接线分段断路器安装在两路线路断路器外侧。

二、事故经过

××变电站有两路35kV进线电源，变电站采用内桥接线方式。正常运行时，35kV的351断路器与352断路器及35kV分段断路器处于合闸状态，这样两路35kV电源本身并列的同时向1号主变压器与2号主变压器提供电源，如图7-6所示。

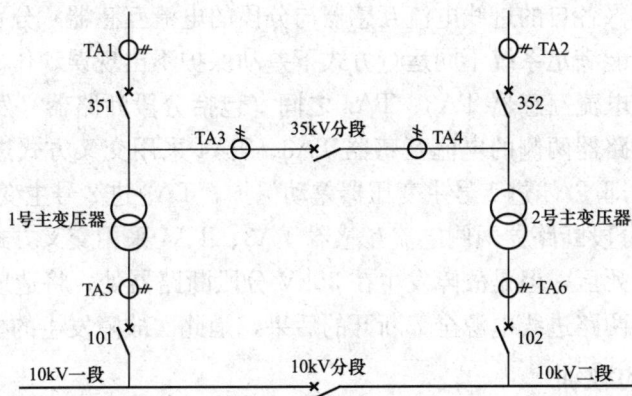

图7-6 变电站内桥接线图

两台变压器均设差动保护，其接线方式为TA1、TA4、TA5电流互感器组成1号主变压器差动保护。TA2、TA3、TA6电流互感器组成2号主变压器差动保护。

某日，调度SCADA信息报警显示：该变电站两台主变压器35kV的351断路器、352断路器及分段路器跳闸，两台主变压器10kV的101断路器、102断路器跳闸。

经检修人员现场检查后发现，1号主变压器、2号主变压器的差动保护均动作，10kV一段母线、二段母线失电，35kV分段备用电源自动投入装置没有动作。同时在电流互感器TA3与35kV分段断路器的结合部有明显短路痕迹，如图7-7所示。

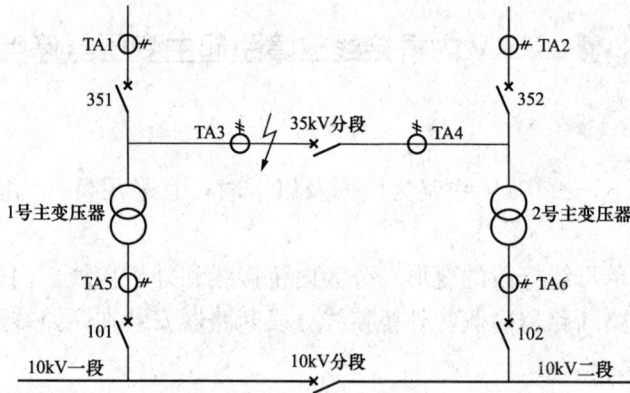

图 7-7　故障位置示意图

三、原因分析

（1）该变电站进线采用内桥接线方式，两台主变压器的差动保护将两个电源方向的电流互感器（各自的进线电流互感器与分段的电流互感器）分别接入各自的差动保护装置，才能满足系统不同运行方式下差动保护不出现误动作。

（2）为消除电流互感器 TA3、TA4 之间（包括分段断路器）发生故障出现保护死区，分段断路器两侧的电流互感器 TA3、TA4 采用交叉方式进入分段对侧的差动保护装置，即 TA4 进 1 号主变压器差动保护，TA3 进 2 号主变压器差动保护。

（3）35kV 分段断路器两侧电流互感器 TA3、TA4 采用交叉方式进入对侧差动保护消除了保护死区，但是故障发生在 35kV 分段断路器处，将造成两台主变压器差动保护动作，两路进线电源全部断开的后果，是此次故障发生的根本原因。

四、吸取的教训

（1）分段断路器是两条母线之间的断路器，属于母线的一部分，通常母线故障的几率远远小于线路。但是一旦发生故障，其影响远大于线路，因此必须认真对待。

（2）母线附属设备及分段断路器定期电气试验是检查其状态的必要手段，应按规程要求进行。

五、整改措施

（1）加强对母线及分段断路器的巡检力度，发现问题要及时处理。

（2）对于母线附属设备及分段断路器的试验报告要仔细判读，时时把握母线附属设备与分段断路器的设备状态。

六、思考题和提示

（1）本次事故是否是全站停电事故？

提示：不是。根据有关标准的相关条文：全部停电是指高压室内设备全部停电（包括架空线与电缆引入线在内）。但本例中两路 35kV 线路均有电。

（2）本次事故中提到的保护死区是怎么回事？

提示：保护死区就是某些高压设备不在本区域的继电保护装置保护范围之内，这些区域一旦出现故障，一般上一级保护动作，跳闸。

（3）本站两台主变压器差动保护范围是如何分布的？

提示：1 号主变压器差动保护范围为电流互感器 TA1、TA4、TA5 之间发生的故障。2 号主变压器差动保护范围为电流互感器 TA2、TA3、TA6 之间发生的故障。

案例五 继电保护定值设置不当造成越级跳闸

一、理论

电力系统中，因继电保护故障引起的电力事故占较大比重，由于定值计算与管理失误造成继电保护误操作事故也时有发生。

继电保护动作的选择性，可以通过合理整定动作值和上下级保护动作时限来实现。

继电保护定值计算是决定保护装置能否正确动作的关键环节，定值计算人员应具备高度的工作责任心，树立全局观念和整体观念。

整定计算工作应严格遵守整定计算基本原则：局部服从整体，下级服从上级；局部问题自行消化；保证重要用户供电，满足继电保护和安全自动装置可靠性、选择性、灵敏性、速动性的要求。

二、事故经过

某企业有座 10kV 变电站，该变电站的电源来自上一级中央变电站 9 号柜（编号 109，设备名称为水泵变电站）。该水泵变电站正常负荷 420A，瞬间负荷 700A，持续 10s。当中央变电站 9 号柜继电保护过电流设置 900A 时，反时限 10s。因企业生产规模扩大，原水泵站的水泵不能满足需求，所以在水泵站旁边新建一个泵房，新装一台水泵，由功率为 1000kW、额定电压为 10kV、额定电流为 68A 的高压电动机拖动。该电动机启动时间 10s，为此保护设置 400A，反时限 12s。由于设计单位判断失误，认为中央变电站 9 号柜的保护定值可以满足新增水泵电机的负荷，就将新泵站的进线电缆与水泵变电站进线并接，而没有相应放大中央变电站 9 号柜保护定值。某日，原水泵变电站启动一台水泵，该站瞬间负荷达到 700A，与此同时，新水泵房电动机也启动，启动电流 360A 左右，仅启动几秒后，中央变电站 9 号柜跳闸，故障信号过电流，而水泵变电站和新水泵变电站没有故障信号。

三、原因分析

（1）新增水泵负荷，必然增加负荷电流，而中央变电站 9 号柜的保护定值没有相应放大，是此次事故发生的直接原因。

（2）原水泵变电站处于瞬间负荷高峰，碰巧新泵站电动机也启动，两个电流相加超过中央变电站 9 号柜的设置定值是此次事故发生的主要原因。

（3）两个水泵站电动机启动没有采取程序（PLC）控制，是此次事故发生的重要原因。

四、吸取的教训

（1）新增水泵电机启动电流加上原水泵变电站正常负荷电流（360A＋420A），

确实没有超过上级（中央变电站 9 号柜 900A）保护定值，然而却忽视了两个水泵站电动机同时启动瞬间过电流（360A＋700A）的偶然因素。

（2）两个水泵站电动机启动没有设置 PLC 程序连锁，各自为政，正常运行几年，没有想到可能发生的问题，掩盖了上级继电保护定值未改进的错误。

五、整改措施

（1）重新核算中央变电站 9 号柜继电保护定值，并予以修正。

（2）在水泵电动机启动控制回路中增加 PLC 连锁（只允许电动机逐台启动，两台电动机启动先后间隔设置 30s）。

六、思考题和提示

（1）本文中的 PLC 怎么解释？

提示：PLC 是可编程逻辑控制器（Programmable Logic Controller）的简称。PLC 在工业企业中应用非常广泛，并始终处于工业自动化控制领域的主战场，为各种各样的自动化控制设备提供了非常可靠的控制应用。

（2）为什么电动机通常采用反时限保护？

提示：电动机启动过程中电流的数值变化本身就随启动时间延长而衰减，正与继电保护反时限原理等同，所以采用反时限保护最合适。

（3）如果有容量不同的电动机启动，应先启动哪台电动机？

提示：应先启动最大容量的电动机，然后依次递减容量启动，这样可以防止电动机启动过程中系统最大电流的出现，利于继电保护减少电气设备过载。

（4）运行中电动机跳电，故障显示过电流能否试送电？

提示：电动机过电流动作，通常与负载相关，与电动机本身出问题关联不大，可以试送电一次。

案例六　线路跳闸后强送电时应将重合闸退出

一、理论

架空电力线路的主要构成元件有导线避雷线（架空地线）、绝缘子、金具、杆塔、杆塔基础、拉线、防雷设施及接地装置等。

由于发生事故，继电保护动作断路器自动跳闸后，能使断路器自动合闸的装置称为自动重合闸装置。运行经验证明，电力系统中有不少短路事故都是瞬时性的，特别是架空线路由于落雷引起的短路，或者因刮风或鸟类碰撞引起导线舞动造成的短路。在继电保护动作使断路器跳闸切断电源后，故障点的电弧很快熄灭，绝缘会自动恢复。这时如能将断路器自动重新投入，电力线路将继续保持供电，自动重合闸所实现的就是这一功能。

二、事故经过

某日，超级大台风与某地区擦肩而过。之后，××变电站（事故前的状态如图7-8所示）WL1线路C相故障，第一套保护、第二套保护瞬时跳开WL1线202断路器，切除故障，经过0.7s后，重合闸成功，线路恢复正常。

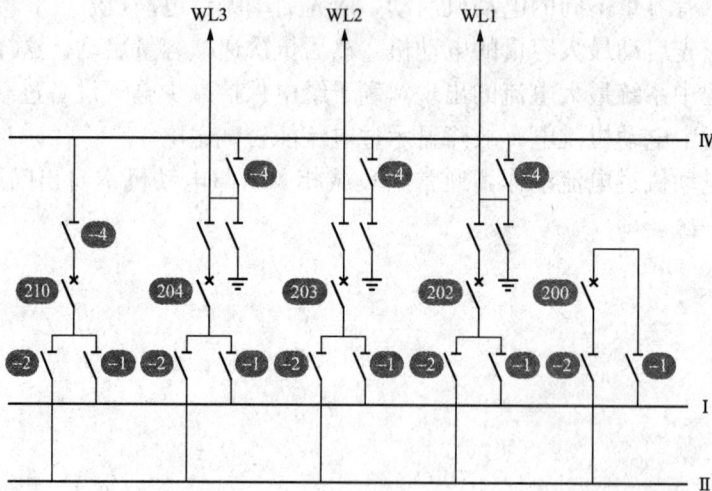

图7-8　××变电站事故前的运行状态图

随后，WL1线路C相再次故障，保护跳202断路器，重合闸未动作，三相跳闸。运行人员根据调度命令，将WL1线路强送，强送成功。

30min后，WL1线路C相再次故障，差动保护瞬时跳开202断路器，切除故障，经过0.7s后，单相重合闸成功，线路恢复正常。

紧接着，WL1 线路 C 相再次故障，差动保护动作，瞬时跳开 202 断路器，切除故障，经过 0.7s 后，单相重合闸成功，线路恢复正常。

2min 后，WL1 线路 C 相再次故障，RCS‐931 差动保护动作（三跳），跳 WL1 线 202 断路器，失灵保护动作，启动 220kV 2 号母线母差保护，跳 220kV 2 号母线上所有断路器。

WL1 线路 202 断路器 C 相气体成分严重超标，不可投运。

三、原因分析

由于受台风影响，WL1 线路架空地线被台风刮断，刮断的架空地线落在 WL1 线路 C 相上造成多次瞬时故障。

四、吸取的教训

线路强送时应将重合闸退出（如图 7-9 所示）。

五、整改措施

强送电时将重合闸退出。

六、思考题和提示

（1）架空电力线路的主要构成元件有哪些？

提示：架空电力线路构成的主要元件有导线、杆塔、绝缘子、金具、拉线、基础、防雷设施及接地装置等。

图 7-9　线路强送电时应将重合闸退出

（2）为什么要采用自动重合闸？

提示：运行经验证明，电力系统中有不少短路事故都是瞬时性的，特别是架空线路由于落雷引起的短路，或者因刮风或鸟类碰撞引起导线舞动造成的短路。在继电保护动作使断路器跳闸切断电源后，故障点的电弧很快熄灭，绝缘会自动恢复。这时如能将断路器自动重新投入，电力线路将继续保持供电，自动重合闸所实现的就是这一功能。

（3）电力电缆为什么不采用重合闸？

提示：对于电力电缆专线供电的馈线，由于其故障点的电弧不会很快熄灭，绝缘也不会自动恢复，因此不采用自动重合闸。

（4）为什么会出现多次瞬时故障？

提示：由于受台风影响，WL1 线路架空地线被台风刮断，刮断的架空地线落在 WL1 线路 C 相上造成多次瞬时故障。

（5）对线路进行强送电前应考虑哪些方面的问题？

提示：线路跳闸或重合不成功的同时，在伴有明显系统震荡时，不应马上强送，需检查并消除震荡后再考虑是否强送电。正确选择强送电端，应使系统稳定不致遭到破坏。在强送前，应检查有关主干线路的输送功率在规定限额内，必要时应

降低有关主干线路的输送功率或采取提高电网稳定度的措施，保证电网稳定不致遭到破坏；应选择次要端或重合闸为无电压鉴定侧，有条件时强送端应远离主力电厂。

现场运行人员必须对故障跳闸线路的有关回路（包括断路器、隔离开关、电流互感器、电压互感器、耦合电容器、阻波器、高压电抗器、继电保护等设备）进行外部检查，并将检查情况汇报调度。

强送端变压器中性点必须接地，如带有终端变压器的 220kV 线路强送，终端变压器的中性点必须接地。

强送电的断路器要完好，且有完备的继电保护。

无闭锁重合闸装置的，应将重合闸停用。

纯电缆线路跳闸后，不得强送。架空、电缆混合线路跳闸后，经检查电缆信号无影响电缆继续运行的情况（如低油压等）后，可进行强送。

值班调度员在强送电之前，应预先通知对端值班人员。在失却通信联系时，需待 15min 之后再强送。

强送前强送端电压控制和强送后首端、末端及沿线电压（调度）应做好估算，避免引起过电压。

案例七 电流互感器二次回路多点接地造成事故

一、理论

电流互感器二次绕组铁芯和外壳必须可靠接地，以防止一、二次线圈绝缘击穿时，一次侧的高压窜入二次侧，危及人身和设备的安全。电流互感器的二次回路只能有一个接地点，不允许多点接地。

二、事故经过

××变电站事故前电路运行状态如图7-10所示：QF5断路器分闸，其余断路器合闸，BZT装置投入运行。

某日上午，控制室外狂风暴雨，电闪雷鸣，控制室内事故警铃、喇叭鸣响，WL1线路断路器和QF1主变压器高压侧断路器跳闸，BZT动作，分段断路器QF5合闸。

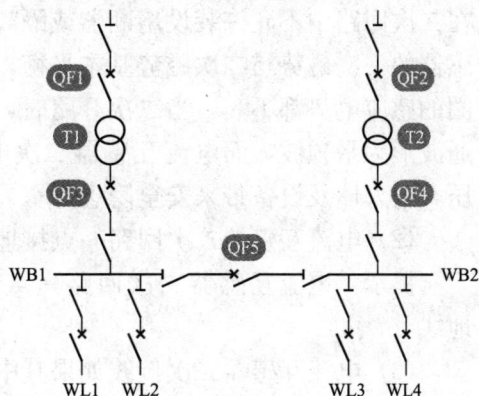

图 7-10　××变电站事故前的运行状态图

继电保护动作情况：WL1线复合电压过流保护动作，主变压器高压侧电流速断保护动作。

运行人员在现场查出WL1线路电缆故障，继电保护专业人员到现场检查发现主变压器低压侧电流互感器二次回路有两点接地，即在电流互感器户外二次回路接线盒和控制室继电保护连接处均有接地。电流互感器户外二次回路接线盒离WL1电缆故障点很近。

三、原因分析

电流互感器的二次回路两点接地是本次1号主变压器低压侧电流速断保护误动的主要原因。在故障电流的作用下，故障电流通过接地变压器和故障相电缆与大地形成回路，故障电流使地电位突然升高。如果电流互感器二次回路只有一点接地，就不会有地电位差。如果电流互感器二次回路有二点接地，就会有地电位差，从而导致保护误动。

四、吸取的教训

在设备安装后正式投入运行前，一定要在二次回路的验收中注意不能使电流互感器二次回路两点接地。

五、整改措施

消除电流互感器二次回路有两点接地的隐患。

六、思考题和提示

（1）为什么电流互感器不允许二次开路？

提示：电流互感器一次侧带电时，在任何情况下都不允许二次线圈开路，因此在二次回路中不允许装设熔断器或隔离开关。这是因为在正常运行情况下，电流互感器的一次磁势与二次磁势基本平衡，励磁磁势很小，铁芯中的磁通密度和二次线圈的感应电势都不高，当二次开路时，一次磁势全部用于励磁，铁芯过度饱和，磁通波形为平顶波，而电流互感器二次电势则为尖峰波，因此二次绕组将出现高电压，给人体及设备带来安全隐患。

（2）电流互感器二次回路一点接地接在哪里？

提示：电流互感器二次回路一点接地一般在电流互感器二次端子排引入接地线。

（3）电流互感器二次接线如果其中某一相极性接反了会造成什么后果？

提示：此时的零序电流会很大，等于健全相电流之和的两倍，这样就有可能造成保护误动。

（4）电流互感器和电力变压器的主要区别是什么？

提示：电流互感器相当于电力变压器短路运行状态。降压的电力变压器一次线圈的匝数多，二次线圈的匝数少，电流互感器的二次线圈匝数较多，一次线圈匝数少，只有 $1\sim2$ 圈；电力变压器的一次电流随二次负载的变化而变化，电流互感器的二次电流随一次电流的变化而变化；电力变压器二次不允许短路运行，电流互感器二次不允许开路运行。

（5）电流互感器的变比可以改变吗？

提示：电流互感器的变比可以改变。如果改变电流互感器的一次接线就可以改变电流互感器的变比。

案例八　避雷器故障引发 10kV 母线失电

一、理论

流过元件的电流与元件的外加电压不是按比例变化，这样的元件就称为非线性元件。

变压器中性点不接地，系统发生接地故障时，中性点会发生偏移，对地具有电位差。

二、事故经过

事故前乙变电站接线情况如图 7-11 所示。

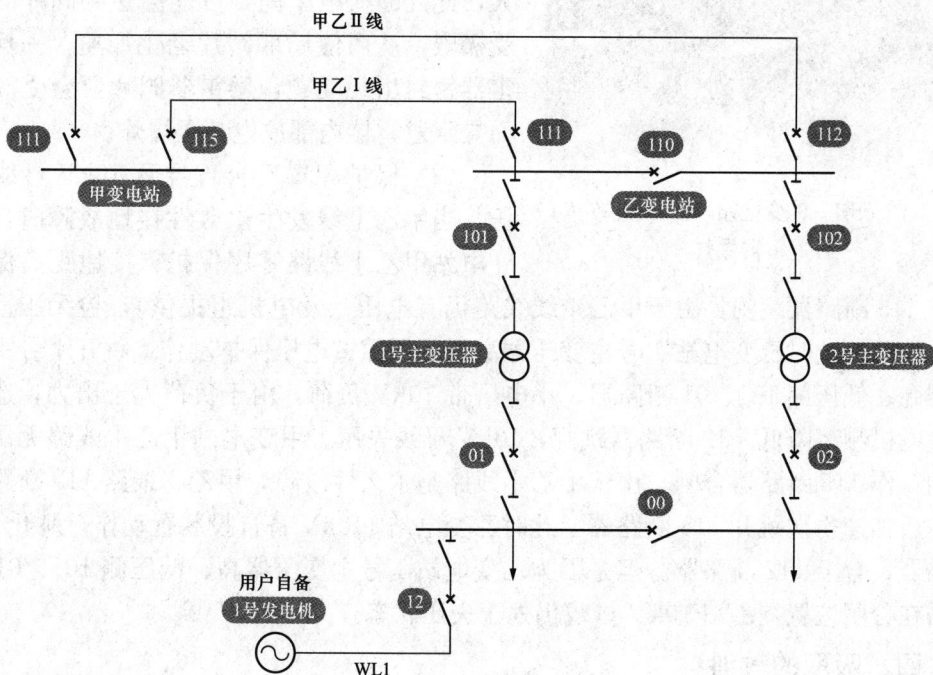

图 7-11　乙变电站事故前接线图

乙变电站由甲乙Ⅰ线路供电，甲乙Ⅱ线路对其备用（甲乙Ⅰ、Ⅱ线均配有距离、零序保护和 2s 检无压重合闸）。乙变电站投 110kV 进线备自投装置（3s），1号主变压器运行、2 号主变压器热备用，1 号主变压器高压侧间隙保护 0.5s 投入，10kVⅠ、Ⅱ段母线经分段 00 断路器并列运行，10kV WL1 线路上带有自备发电机运行（机组联网线路配有距离保护、低频解列保护，10kV 母线负荷大于机组出力）。

某日5：33，控制室事故警铃、喇叭鸣响，115断路器跳闸，111断路器跳闸，112断路器合闸，1号主变压器高、低压侧101、01和12断路器跳闸。甲变电站甲乙Ⅰ线路零序保护、接地距离保护动作，检无压重合闸动作，乙变电站1号主变压器高压侧间隙过电压保护动作，110kV备自投装置动作。

三、原因分析

（1）甲变电站甲乙Ⅰ线路避雷器爆炸（如图7-12所示）造成甲乙Ⅰ线永久性故障。环境湿热是造成并加速避雷器老化的主要原因。对于高压氧化锌避雷器而言，其受环境条件的影响较大，在潮湿和高温的双重作用下，避雷器的电位分布极不均匀，在靠近上法兰处，温度很高、电流也很大，此处的荷电率高，可能会达到阀片的耐受极限，从而使局部阀片老化加速。一旦避雷器密封出现问题，避雷器阀片便会受潮从而导致避雷器内部放电甚至爆炸。

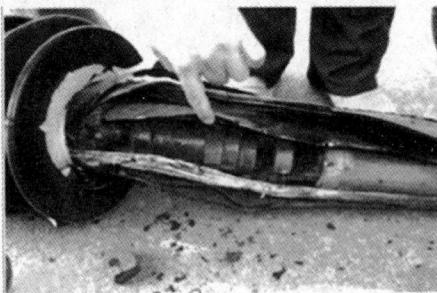

图7-12　甲变电站甲乙Ⅰ线路
避雷器爆炸

（2）保护配置不合理导致10kV母线失压。当甲乙Ⅰ线发生永久性接地故障时，甲变电站甲乙Ⅰ线路零序保护、接地距离保护动作115断路器跳闸，由于甲乙Ⅰ线线路仍有电压（发电机组提供），检无压重合闸不启动，此时乙变电站1号主变压器高压侧间隙过电压保护动作，跳开1号主变压器高、低压侧101、01断路器，小电厂带10kV负荷，由于负荷大于出力，造成小发电机频率降低，12断路器跳闸，10kV母线失压。甲变电站甲乙Ⅰ线路无压重合闸动作115断路器合闸，由于甲乙Ⅰ线路是永久性故障，甲乙Ⅰ线路115断路器保护后加速再次跳开115断路器，此时乙变电站110kV备自投装置动作，跳开111断路器，合上112断路器。但是因为乙变电站1号主变压器高、低压侧101、01断路器在分闸位置，乙站10kV母线仍处于失压状态。

四、吸取的教训

（1）加强避雷器设备的质量验收和设备巡视，防患于未然。

（2）保护配置要全面考虑，特别是对于有弱电源的电网。

五、整改措施

（1）甲乙Ⅰ、Ⅱ线路增加装纵差保护，并增加甲乙Ⅰ、Ⅱ线路装纵差保护连跳发电机组联网线WL1线12断路器回路。

（2）增加乙变电站1号、2号主变压器间隙保护Ⅰ时限跳发电厂联网线路，Ⅱ时限跳主变压器两侧回路，以保证供电线路故障系统侧跳开后，由主变压器间隙保护Ⅰ时限先跳开电厂联络线，切断与小电源的联系，后由乙变电站110kV进线备自投恢复全站供电。

六、思考题和提示

（1）什么是非线性元件？

提示：流过元件的电流与元件的外加电压不是按比例变化，这样的元件称为非线性元件。

（2）为什么要设置变压器中性点间隙保护？

提示：变压器中性点不接地，系统发生接地故障时，中性点会发生偏移，对地具有电位差，而一般变压器都是按照分绝缘设计，在变压器中性点处绝缘最薄弱，因此变压器中性点间隙保护主要用以防止系统发生接地故障时中性点电位升高损坏变压器。

（3）流过避雷器泄漏电流表的是什么电流？泄漏电流为什么会变化？

提示：流过避雷器泄漏电流表的是外绝缘的泄漏电流（与天气和外绝缘污秽程度关系很大，气候潮湿和外绝缘污秽则泄漏电流增大），以及通过避雷器阀片的阻性电流（阀片老化则阻性电流增大）两者之和。

（4）检无压重合闸是什么意思？

提示：检无压重合闸是指当检测到线路无电压时才允许重合闸。

（5）简述110kV备自投装置动作。

提示：当再次跳开115断路器，110kV备自投装置动作，跳开111断路器，合上112断路器。

案例九　限制短路电流

一、理论

在发电机出口端发生短路时，流过发电机的短路电流最大瞬时值可达额定电流的 10～15 倍，这会对电力系统的正常运行造成严重影响和后果。

二、事故经过

某企业在生产中产生大量多余能源，为利用这些能源，新装了节能发电机。节能发电机电压等级为 10kV，功率为 18000kW，建成后与企业内部 10kV 系统并列，向 10kV 系统输送电能。原 10kV 系统发生短路时，最大短路电流 27kA，10kV 系统共安装了 20 台断路器，每台断路器最大开断电流 31.5kA。

如图 7-13 所示，10kV 系统新并列节能发电机，这样 10kV 系统发生短路时，短路电流达到 37kA（新增节能发电机输出短路电流 10kA），原来的 20 台断路器已不能满足切断短路电流的要求。10kV 系统一旦发生短路，断路器切除故障时可能爆炸。

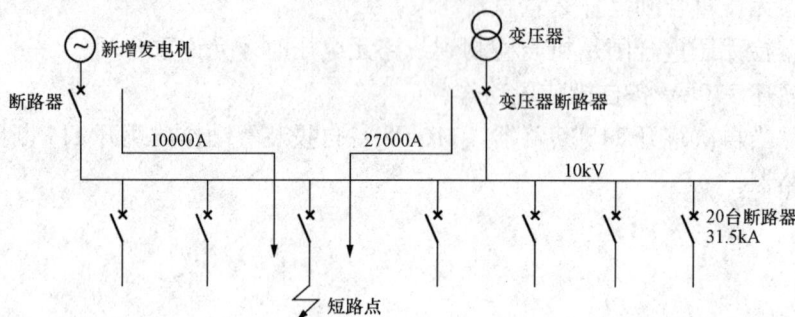

图 7-13　新增发电机后 10kV 系统短路示意图

三、原因分析

（1）10kV 系统新增节能发电机是此次事件发生的直接原因。

（2）原断路器开断电流有限，不能切除新增短路电流，是此次事件发生的主要原因。

四、吸取的教训

安装限流器，快速切断发电机短路电流。

五、整改措施

在新增发电机断路器处安装限流器。限流器原理为发电机输出的工频电流从主回路流出，利用 di/dt 的斜率就可以判断负荷与短路电流（如图 7-14 所示）。短路发生时，电子感应系统根据 di/dt 斜率，微秒内向限流器发出指令，限流器 1ms 内切断主回路，短路电流转向带一定阻抗的熔断器，短路电流被限制，然后熔断器熔断（如图 7-15 所示）。

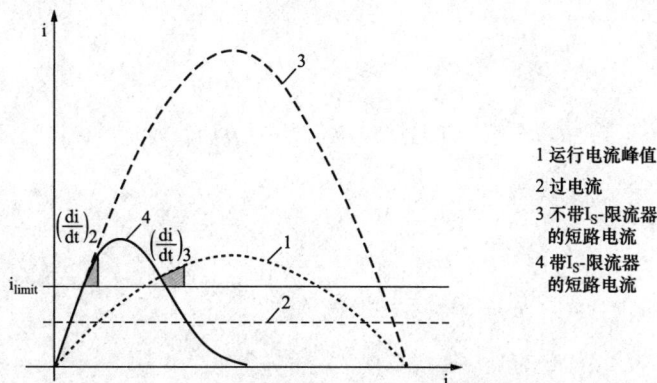

1 运行电流峰值
2 过电流
3 不带 I_S-限流器的短路电流
4 带 I_S-限流器的短路电流

图 7-14　带/不带 I_S 限流器的短路电流示意图

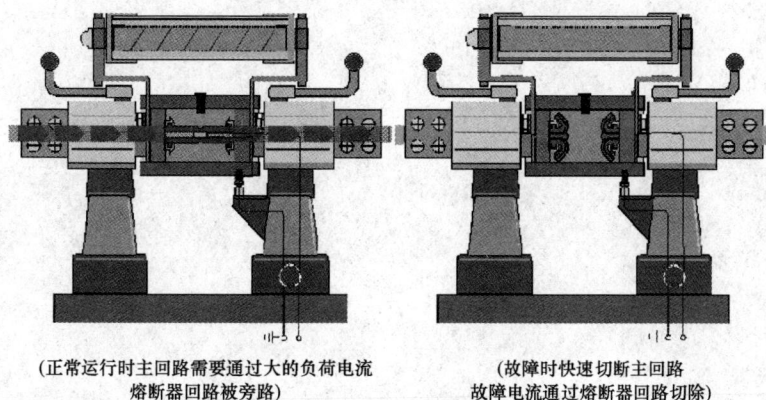

（正常运行时主回路需要通过大的负荷电流 熔断器回路被旁路）　　　（故障时快速切断主回路 故障电流通过熔断器回路切除）

图 7-15　快速熔断器工作示意图

六、思考题和提示

（1）本案例中节能发电机能否采用微机保护切断上述事件的故障电流？

提示：微机保护动作时间虽然快，仍需要几十毫秒，现在短路电流超过断路器的开断能力，没有根本解决问题。

（2）国产断路器承受规定的短路电流的时间标准是多少？

提示：国家标准规定：断路器在允许的短路电流下，热稳定时间 4s 不损坏。

（3）断路器承受的短路电流产生的电磁机械力是多少？

提示：短路电流产生的最大电磁力出现在短路电流波形瞬间的顶端，辐值约为短路电流有效值的 2.5 倍，所以短路电流不能超过断路器的额定开断能力。

（4）本案例中快速熔断器需要注意哪些问题？

提示：快速熔断器是通过 di/dt 斜率判断负荷电流与故障电流的，但是系统中有电容器，且变压器投入时的励磁电流波形与故障电流相似，要注意这一点。

第八集

电气安全技术

案例一　10kV 断路器设备检修时人员触电身亡

一、理论

《电力安全工作规程》规定，禁止工作人员擅自移动或拆除遮拦（围栏）、标示牌。因工作原因必须短时移动或拆除遮拦（围栏）、标示牌时，应征得工作许可人同意，并在工作负责人的监护下进行。工作完毕后应立即恢复。

工作负责人（监护人）职责包括：正确、安全地组织工作；负责检查工作票所列安全措施是否正确、完备，是否符合现场实际条件，必要时予以补充；工作前对工作班成员进行危险点告知，交代安全措施和技术措施，并确认每一个工作班成员都已知晓；严格执行工作票所列安全措施；督促、监护工作班成员遵守本规程，正确使用劳动防护用品和执行现场安全措施；检查工作班成员精神状态是否良好，变动是否合适。

二、事故经过

某单位 10kV 为单母线分段运行，其中 10kV 部分设备 L1、L2、L3 及电压互感器 3X24 TV 断路器柜小车断路器拉至检修位置，其余设备处于运行状态。

某日，该单位按计划进行 10kV 部分设备年检，办理了"断路器班 0905004"第一种工作票，主要工作任务为 L1、L2、L3 及电压互感器 3X24 TV 断路器柜小修、例行试验和保护全检。

工作许可人罗某在现场与工作负责人谭某进行安全措施确认后，许可"断路器班 0905004"第一种工作票开工。

8：40，工作负责人谭某对易某、刚某、张某、蔡某等 9 名工作人员进行工作交底，随后开始 10kV 部分设备年检作业。按照作业指导书分工，易某、刚某、张某、蔡某 4 人进行断路器检修工作，其余人员进行高压试验和保护检验工作。

工作开始后，工作负责人谭某安排易某进行 L1 间隔检修，安排刚某进行 L2 小车清扫。随后带蔡某、张某 2 人到屏后，由蔡某用断路器柜专用内六角扳手打开 L1、L2、L3 这三个间隔的后柜门，由张某进行柜内清扫，谭某回到屏前与高试人员交代相关事项。蔡某逐个打开 3 个柜门后，把专用扳手随手放在 L3 间隔后柜门边的地上，随后到屏前协助易某进行 L3 间隔检修。刚某完成 L1 小车清扫工作后，自行走到屏后，移开拦住电压互感器 3X24 TV 后柜门的安全遮拦，用放在地上的专用扳手卸下电压互感器 3X24 TV 断路器柜后柜门螺丝，并打开后柜门准备进行清扫。

9：06，断路器柜内带电母排 B 相对刚某人体放电，刚某被击倒在断路器柜旁（如图 8-1 所示）。在场的检修人员立即对刚某进行了触电急救，并拨打 120 急救电话。9：38，刚某经医院抢救无效死亡。

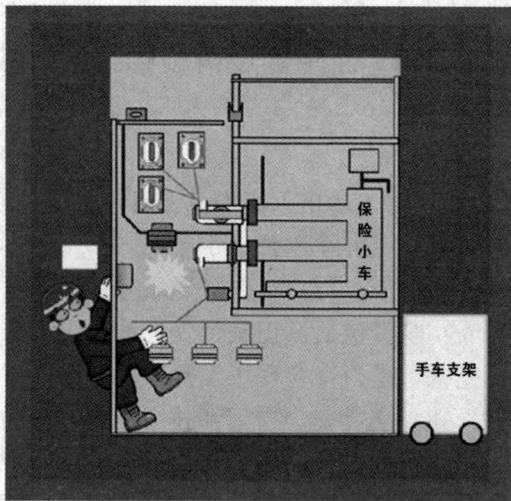

图 8-1　断路器柜内带电母排 B 相对人体放电

三、原因分析

（1）刚某（死者）在未经工作负责人安排和许可的情况下，自行走到屏后，擅自移开 3X24 TV 断路器屏后所设的安全遮拦，无视 3X24TV 屏后门上悬挂的"止步，高压危险！"警示，错误地打开 3X24 TV 后柜门，造成触电，违反了《电力安全工作规程　变电部分》3.2.10.5 条（工作班成员应遵守保证安全的组织措施）和 4.5.8 条（工作班成员应遵守保证安全的技术措施）的规定。

（2）工作负责人谭某班前交底有遗漏，对工作票上的"3X24 TV 后门内设备带 10kV 电压"漏交代，对现场工作人员监护不到位，违反了《电力安全工作规程　变电部分》3.2.10.2 条和 3.4.1 条的规定。工作许可手续完成后，工作负责人、专责监护人应向工作班成员交代工作内容、人员分工、带电部位和现场安全措施，进行危险点告知，并履行确认手续后工作班方可开始工作。工作负责人、专责监护人应始终在工作现场，对工作班人员的安全认真监护，及时纠正不安全的行为。

（3）工作票签发人谭某没有针对屏前和屏后均有工作的情况增设相应的监护人，违反了《电力安全工作规程　变电部分》3.4.3 条的规定：

工作负责人在全部停电时，可以参加工作班工作。在部分停电时，只有在安全措施可靠，人员集中在一个工作地点，不致误碰有电部分的情况下，方能参加工作。工作票签发人或工作负责人，应根据现场的安全条件、施工范围、工作需要等具体情况，增设专责监护人和确定被监护的人员。专责监护人不得兼做其他工作。专责监护人临时离开时，应通知被监护人员停止工作或离开工作现场，待专责监护人回来后方可恢复工作。若专责监护人必须长时间离开工作现场时，应由工作负责人变更专责监护人，履行变更手续，并告知全体被监护人员。

(4) 3X24 TV 断路器柜为非标产品，其避雷器直接与母线连接，标准产品应该是避雷器与电压互感器连接。

四、吸取的教训

(1) 工作人员对《电力安全工作规程》不熟悉，在实际工作过程中执行不力。

(2) 工作监护人对危险点交代不够，工作负责人对所管辖人员监护不到位。

(3) 电压互感器断路器柜不应采用非标产品。

五、整改措施

(1) 加强人员的培训，提高工作人员在工作中执行《电力安全工作规程》的自觉性。

(2) 在工作中认真做好危险点分析，并使每个工作人员知晓。

(3) 电压互感器断路器柜改用标准产品。

六、思考题和提示

(1) 防误装置应实现哪些功能（简称"五防"）？

提示：防止误分、误合断路器；防止带负荷拉、合隔离开关；防止带电挂（合）接地线（接地开关）；防止带接地线（接地开关）合断路器（隔离开关）；防止误入带电间隔。凡有可能引起以上事故的一次电气设备，均应装设防误装置。

(2) "禁止合闸，有人工作"的标示牌应悬挂在哪里？

提示：在一经合闸即可送电到工作地点的断路器和隔离开关的操作把手上，均应悬挂"禁止合闸，有人工作"的标示牌。

(3) "禁止分闸！"的标示牌应悬挂在哪里？

提示：对由于设备原因，接地刀闸与检修设备之间连有断路器，在接地开关和断路器合上后，应在断路器操作把手上，悬挂"禁止分闸！"的标示牌。

(4) 在室内工作时，"止步，高压危险！"的标示牌应悬挂在哪里？

提示：在室内高压设备上工作，应在工作地点两旁及对面运行设备间隔的遮拦（围栏）上和禁止通行的过道遮拦（围栏）上悬挂"止步，高压危险！"的标示牌。高压断路器柜内手车断路器拉出后，隔离带电部位的挡板封闭后禁止开启，并设置"止步，高压危险！"的标示牌。

(5)《电力安全工作规程》对移动或拆除遮拦（围栏）、标示牌有何规定？

提示：禁止工作人员擅自移动或拆除遮拦（围栏）、标示牌。因工作原因必须短时移动或拆除遮拦（围栏）、标示牌，应征得工作许可人同意，并在工作负责人的监护下进行。工作完毕后应立即恢复。

案例二　400V 大截面电缆绝缘层破坏造成电缆和断路器柜烧坏

一、理论

操作电源在变电站中是一个独立的电源。对操作电源的基本要求是要有足够的可靠性。

用于固定电缆的承载体，在固定电缆时，该承载体不能有任何尖锐凸起物或快口，否则电缆会承受一定的机械压力，当电缆运行发热经过一段时间后，快口刺破外层，极易造成电缆外皮的损伤从而引发事故。

二、事故经过

某年 6 月，××220kV 变电站投运当天，在进行到站用变压器投入操作步骤时，由于站用变压器低压 380V 侧到低压总电源箱的电缆绝缘层被电源箱的电缆进口铁皮割破，致使 380V 电缆单相短路（如图 8-2 所示），造成电缆报废、断路器柜烧坏（如图 8-3 所示）。

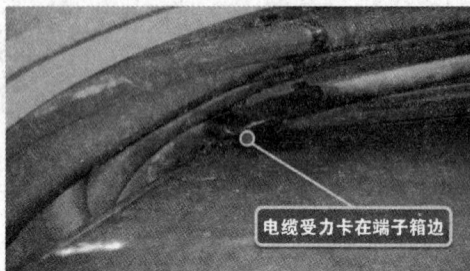

图 8-2　电源箱外电缆绝缘层损坏接地短路

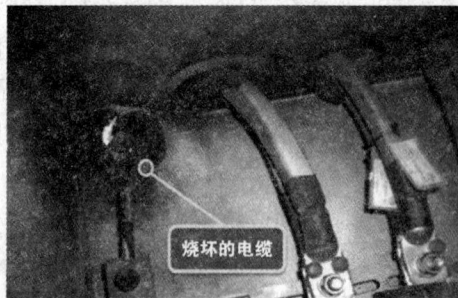

图 8-3　电源箱内电缆绝缘层损坏接地短路

三、原因分析

（1）站用变压器低压 380V 的电缆设计一般采用双拼 3×240＋1×120 电缆，电缆的截面大，总电源的电缆进口小，设计时没有合理考虑是此次事故发生的主要原因。

（2）进线处有电源箱的铁皮快口，在电缆接进箱体时，应该将铁皮快口进行处理，并用绝缘橡皮进行四周保护，电缆的任何重力都不应承受在铁皮四周，而现场施工时恰恰没有做到以上几点，是此次事故发生的直接原因。

四、吸取的教训

（1）设计不合理时，应要求设计单位进行改进。

（2）对此类常规工序，应编制相应的标准施工工艺，杜绝员工凭经验随意施工的传统做法。

五、整改措施

（1）从施工工艺上进行改进：如图 8-4 所示，将低压电缆进电源箱改为铜排（60×8）进电源箱，并用 5mm 的玻璃钢板作为铁皮快口的保护，从而从工艺上杜绝了此类事故的再发生。

（2）把此类工艺编进施工工艺规范中，完善现场的施工验收制度，严格按照施工规范进行施工。

六、思考题和提示

（1）操作电源有什么特点？

提示：操作电源在变电站中是一个独立的电源。即使变电站发生短路事故，母线电压降到零，操作电源也不允许出现中断，仍应保证具有足够的电压和足够的容量。

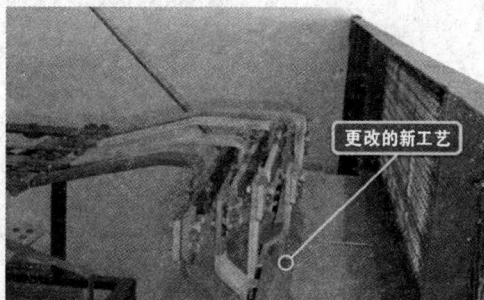

图 8-4　改低压电缆进电源箱为铜排进电源

（2）对于变电站操作电源有什么要求？

提示：操作电源在变电站中应是一个独立的电源。对操作电源的基本要求是要有足够的可靠性。

（3）对于电缆或电线进端子箱有什么要求？

提示：

1）端子箱进线口必须有绝缘护套（圈），不能将金属直接露在外面。

2）电缆在进端子箱口外面要固定，不得使电缆的进线口受力。

（4）为什么电力电缆会发热损坏？

提示：电缆是个发热体，电流在流过导线时会做功，$P=IV$，因此电缆导体中流过电流时会发热，在某一状态下发热量等于散热量时，电缆导体就有一个稳定温度，当电流增大时，温度会增加，电缆的绝缘层就会老化，机械强度减弱，当受到外部力量时就很容易损坏。

案例三　安全措施不到位引发触电事故

一、理论

10kV 及以下设备不停电的安全距离为 0.7m。

二、事故经过

××降压变电站，安装在 10kV 金属铠装柜内的站用变压器需进行年度电气试验。运行人员按规程拉开站用变压器 10kV 隔离开关后，许可作业。随即，试验人员进行站用变压器直流电阻测试。当测试人员王某取测试线时，右手高抬接近柜内上方 10kV 母线时发生放电，结果右手（臂）被电弧严重烧伤（如图 8-5 所示）。

图 8-5　误碰有电设备触电

三、原因分析

如图 8-6 所示，站用变压器 400V 引出线上方 250mm 处就是带电 10kV 母线，没有隔离措施，试验人员与带电设备安全距离不够。

四、吸取的教训

（1）运行人员不清楚设备情况。站用变压器处在 10kV 柜内，柜内母线在什么位置，运行人员不了解，也就没有向测试人员交代危险点。

（2）安全确认不到位。试验人员打开站用变压器仓门后，眼睛只看见站用变压器 400V 部分，当头伸入仓内才发觉 400V 上方有 10kV 母线。

（3）安全措施不到位。站用变压器 10kV 部分在隔离开关拉开后，上方 250mm 处的 10kV 母线仍然有电。国家标准《电力安全工作规程　发电厂和变电站电气部分》对人员与带电设备安全距离的规定如表 8-1、表 8-2 所示。

表 8-1　　　　　　　　　　设备不停电时的安全距离

电压等级（kV）	安全距离（m）
10 及以下	0.7

需要说明的是，表 8-1 所示的安全距离是没有遮拦的。如果 10kV 的设备设有安全遮拦，《电力安全工作规程　发电厂和变电站电气部分》对人员与带电设备安全距离的规定如表 8-2 所示。

表 8-2　　　　　　　　人员工作中与设备带电部分的安全距离

电压等级（kV）	安全距离（m）
10 及以下	0.35

根据上述标准，当作业人员与带电 10kV 母线距离超过 0.7m 时，没有遮拦设备可以不停电，当作业人员与带电 10kV 母线距离小于 0.7m、大于 0.35m 又没有安全遮拦时设备应停电。

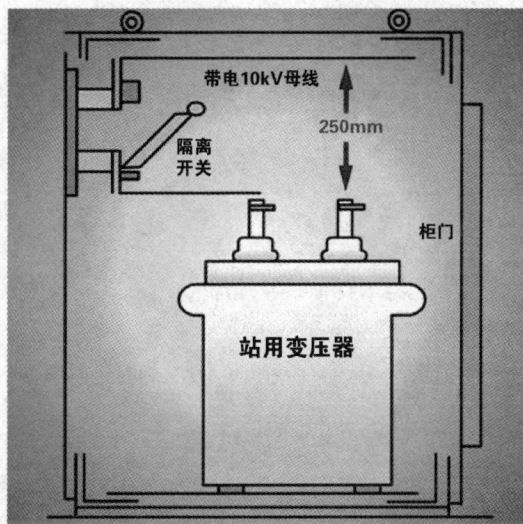

图 8-6　事故现场设备侧面图

五、整改措施

（1）10kV 母线与站用变压器距离只有 250mm，在母线有电的情况下试验站用变压器，安全距离不符合《电力安全工作规程　发电厂和变电站电气部分》的要求，此时母线应停电。

（2）运行人员应熟悉整个变电站的设备布置，对存在的危险应有必要的了解。

（3）试验人员试验前对周围的电气设备存有疑点时，应通过技术手段（验电）验证是否存在危险因素，保证试验过程安全。

六、思考题和提示

（1）本案例表 8-1 中 10kV 安全距离 0.7m 应怎样理解？

提示：表 8-1 中 10kV 安全距离 0.7m 是指没有遮拦情况下，人体活动范围与带电设备的距离（包括手臂伸展后与带电体的距离）。

（2）本案例表 8-2 中 10kV 安全距离 0.35m 应怎样理解？

提示：表 8-2 中 10kV 安全距离 0.35m 是指有遮拦情况下，人体不可能越过遮拦的安全距离（手臂不能伸进遮拦）。

（3）如果手臂可以伸进遮拦，10kV 安全距离是多少？

提示：国家标准《3～110kV 高压配电装置设计规范》规定，10kV 安全距离是 0.75m（手臂长）加 10kV 设备的绝缘距离 0.2m，共 0.95m。

（4）10kV 过桥母线距地面的安全高度是多少？

提示：10kV 母线（含其他带电体）室外对地安全高度 2.7m，室内对地高度 2.5m，低于这个高度的应装设安全遮拦。

案例四 带地线送电酿成事故

一、理论

每组接地线均应编号，放在固定地点，并保证接地线号码与存放位置一致，不能用错。

监护人按操作项目核对操作设备名称和设备编号，核对结果应与操作票全部符合。

二、事故经过

××变电站事故前的一次接线如图 8-7 所示。

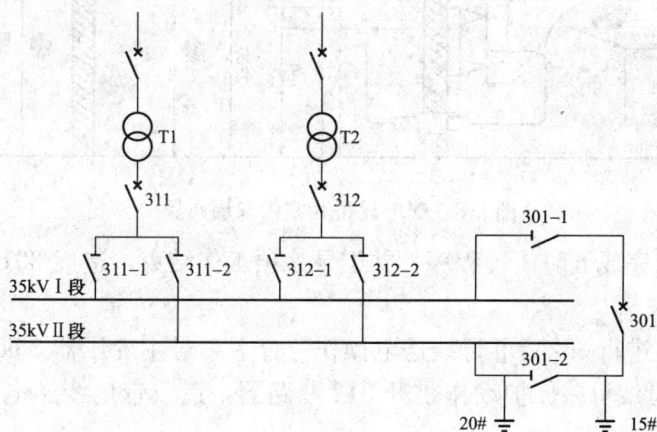

图 8-7 ××变电站事故前的运行状态图

如图 8-8 所示，35kV 配电设备为室内双层布置，上、下层之间有楼板，电气上经套管连接。

某日，进行 1 号主变压器及二侧开关预试，35kV Ⅱ 母线预试，35kV 母联断路器的 301-2 隔离开关检修等工作。

工作结束后，值班人员根据调度令进行"35kV Ⅱ 母线由检修转运行"操作。21：07，两名值班员拆除 301-2 隔离开关母线侧地线（编号 20），但并未拿走，而是放在网门外西侧。21：20，另两名值班员执行"35kV 母联 301 断路器由检修转热备用"操作，在执行 35kV 母联断路器 301-2 隔离开关侧地线（编号 15）拆除时，想当然地认为该地线挂在 2 楼的穿墙套管至 301-2 隔离开关之间（实际挂在 1 楼的 301 断路器与穿墙套管之间），于是来到位于 2 楼的 301 间隔前，看到已有一组地线放在网门外西侧（由于楼板阻隔视线，看不到实际位于 1 楼的地线），误认为应该由他们负责拆除的 15 号地线已拆除，也没有核对地线编号，就输

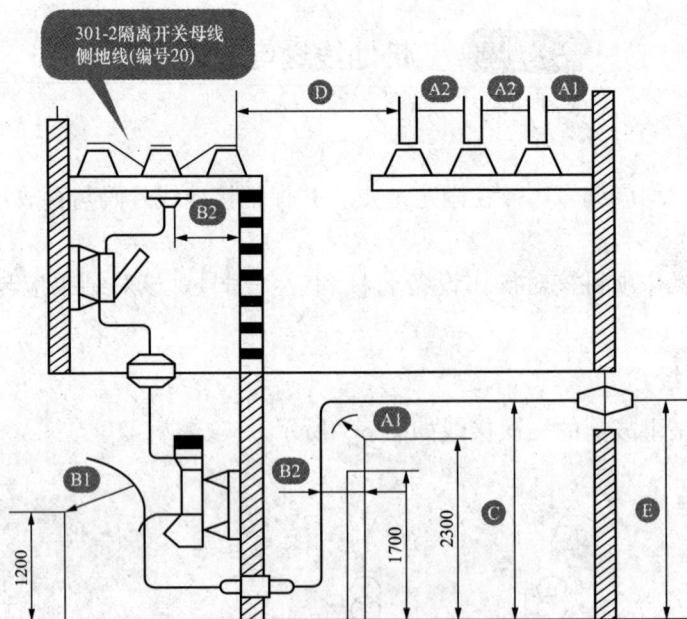

图 8-8　配电设备为室内双层布置

入解锁密码，以完成五防闭锁程序，并记录该项工作结束，造成 301-2 隔离开关侧地线漏拆。

21：53，在进行 35kV Ⅱ 母线送电操作，合上 2 号主变压器 35kV 侧 312 断路器时，35kVⅡ 母线母差保护动作跳开 312 断路器，造成带地线送电的恶性误操作事故。

三、原因分析

（1）已拆除的 301-2 隔离开关母线侧地线未放在固定场所为此次事故的发生埋下隐患。两名值班员拆除 301-2 隔离开关母线侧地线（编号 20），但并未拿走，而是放在网门外西侧，违反了接地线必须妥善保管、要编号、放在固定场所、不能用错的规定。

（2）未认真核对设备铭牌和操作票是此次事故发生的重要原因。21：20，另两名值班员执行"35kV 母联 301 断路器由检修转热备用"操作，在执行 35kV 母联断路器 301-2 隔离开关侧地线（编号 15）拆除工作时，没有按操作项目核对操作设备名称、设备编号，核对结果应与操作票全部符合的要求，想当然地认为该地线挂在 2 楼的穿墙套管至 301-2 隔离开关之间，来到位于 2 楼的 301 间隔前，看到已有一组地线放在网门外西侧，误认为应该由他们负责拆除的 15 地线已拆除，也没有核对地线编号，就输入解锁密码。

四、吸取的教训

（1）养成良好的工作习惯，严格执行"两票三制"是防止误操作的关键。

（2）设法彻底根治习惯性违章。

五、整改措施

（1）加强人员培训，规范倒闸操作行为。

（2）杜绝习惯性违章就必须坚持"以人为本"的思想，全面提高人员的素质和安全意识，增强预防事故的能力，养成良好的安全生产习惯，树立"安全光荣，违章可耻"的良好风尚，有效遏制习惯性违章行为的发生。

六、思考题和提示

（1）什么是两票三制？

提示："两票三制"即执行工作票、操作票制度和执行交接班制度、巡回检查制度、设备定期试验和轮换制度。

（2）检修设备有感应电该怎么办？

提示：对于因平行或邻近带电设备导致检修设备可能产生感应电压时，应加装工作接地线或使用个人保安线，加装的接地线应登录在工作票上，个人保安线由工作人员自装自拆。

（3）对于电缆及电容器上挂接地线有什么要求？

提示：当验明设备确已无电压后，应立即将检修设备接地并三相短路。电缆及电容器接地前应逐相充分放电，星形接线电容器的中性点应接地、串联电容器及与整组电容器脱离的电容器应逐个多次放电，装在绝缘支架上的电容器外壳也应放电。

（4）如何装设接地线？

提示：装设接地线应先接接地端，后接导体端，接地线应接触良好，连接应可靠。拆接地线的顺序与此相反。装、拆接地线均应使用绝缘棒和戴绝缘手套。人体不得碰触接地线或未接地的导线，以防止触电。带接地线拆设备接头时，应采取防止接地线脱落的措施。

（5）可以使用其他导线作为接地线吗？

提示：不可以。成套接地线应用有透明护套的多股软铜线组成，其截面不得小于 $25mm^2$，同时应满足装设地点短路电流的要求。禁止使用其他导线作接地线或短路线。

案例五　因不清楚带电部位、扩大工作范围造成触电致残

一、理论

班前会、现场站班会、班后会对保证安全生产、促进安全工作起着很大的作用。班前会由班长向全班人员布置当天工作任务、明确分工、交代安全措施和安全注意事项。现场站班会由工作负责人在作业现场召开。班后会在当天工作结束后召开，主要是总结评价当日工作和安全情况。

为确保电气工作安全，除实施保证电气安全工作的组织措施外，还必须实施技术措施。在电气设备上工作，应完成停电、验电、装设接地线、悬挂标示牌和装设遮拦（围栏）等安全的技术措施。

工作负责人要正确安全地组织工作，工作前对工作班成员进行危险点告知，交代安全措施和技术措施，并确认每个工作班成员都已知晓。

在一经合闸即可送电到工作地点的断路器和隔离开关的操作把手上，均应悬挂"禁止合闸，有人工作！"的标示牌。在临近其他可能误登的带电架构上，应悬挂"禁止攀登、高压危险！"的标示牌。

二、事故经过

某日上午，变电运行工陶某、黄某两人去交通站检查2号主变压器有载调压开关气体继电器缺电、35kV分段断路器及676断路器面板未装等缺陷是否已处理好，班前会上班长嘱咐不要动设备，看清楚后汇报。到站后两人分工，黄某检查设备、陶某做记录。两人先检查了2号主变压器10kV断路器和676断路器，当陶某、黄某两人去检查676电缆尾线与引入母线的连接螺丝和柜内电流互感器棒头螺丝是否拧紧时，两人搬来一只高脚凳放在35kV分段柜后走廊中。黄某先从高凳上攀上箱柜半高处，然后又将高凳放在柜半高处，攀上箱顶，在箱顶上发现一块平放着的

图 8-9　线刀柜、断路器顶部示意图

"止步、高压危险！"标示牌，黄某对陶某说："谁忘记放在上面？"随手抛下，然后朝676电缆头方向走去。这时，陶某转身去取记录纸，突然听到放电声，回头一看，黄某已从箱顶触电后坠落地面上（事故现场照片如图8-9、图8-10所示）。经医生诊断，黄某左手臂和左小腿遭电击严重，后做了左臂和左小腿截肢手术。

三、原因分析

（1）班前会不认真。运行班长在布置

图 8-10 攀登高处触电现场全貌图

交通站工作时只交代任务，未交代有电设备情况，交代不清楚是此次事故发生的主要原因。

（2）安全措施不完善。攀登处未悬挂"禁止攀登、高压危险！"的标示牌。有电设备处未悬挂"止步、高压危险！"的标示牌。

（3）设备送电后未向班内传达。

（4）检查超出工作范围，工作负责人陶某未加以阻止。黄某爬上箱顶去检查，已超出了布置的工作范围，陶某非但未加以阻止，还搬来高凳帮助黄某爬上去，黄某爬上箱顶后陶某不加以监护而擅自离开。

四、吸取的教训

（1）认真开好班前会和现场站班会，使每个作业人员明确工作任务、分工、现场危险因素和防范措施。

（2）严格按照《电力安全工作规程》的要求执行工作票制度，克服设备主人进行工作而不执行工作票制度的随意性。

（3）认真学习"两票三制"，组织学习正确使用安全标示牌。

五、整改措施

（1）认真召开班前会、现场站班会和班后会。

（2）对应悬挂的各类标示牌做到无缺漏。

（3）严禁超工作范围进行操作。

六、思考题和提示

（1）电气工作人员在巡视检查 35kV 高压设备时，与带电设备应保持的安全距离是多少？

提示：设备不停电的安全距离 35kV 是 1.0m。

（2）电气作业人员在高压设备上工作，与临近 35kV 带电设备应保持的安全距离是多少？

提示：作业人员工作中正常活动范围与设备带电部分的安全距离 35kV 是 0.6m。

（3）对于班前会、现场站班会的重要性应当如何认识?

提示：班前会和现场站班会对工作班安全完成当天工作任务起到保障作用。班长或工作负责人向工作班人员详细交代工作任务、分工、现场危险因数、安全措施和技术措施、作业程序，使每个作业人员都知晓确认，能对生产安全事故起到预控、在控、可控作用。

案例六　电弧灼伤事故

一、理论

防止人身触电，要时刻树立"安全第一"的思想，掌握电气专业技术，严格遵守规程规范和各种规章制度。

二、事故经过

某日，某电力工程有限公司电缆工作负责人蒋某带领电缆班，在 1 号电缆施工。由于 10kV 电缆仓位过小，导致不能按照工作票上的要求挂接地线。蒋某没有采取正确的方法解决问题并汇报，而是听信外包队工作负责人的建议擅自打开断路器柜的后封板挂接地线，导致工作负责人陈某在拆除接地线时，接地夹头碰到母排引起电弧灼伤事故（如图 8-11 所示）。

图 8-11　擅自打开断路器柜的后封板挂接地线

三、原因分析

（1）现场工作人员未按工作票接地要求在电缆仓内接地，改变工作票内容。遇现场情况和要求不符时，未及时停止作业，未向施工员请示、汇报。

（2）工作人员安全意识淡薄、自我保护意识差、执行安全措施能力不够、业务技能不强。低压设备种类繁多，电缆现场作业人员对电气设备的熟悉掌握程度不够，导致技术走样（如图 8-12 所示）。

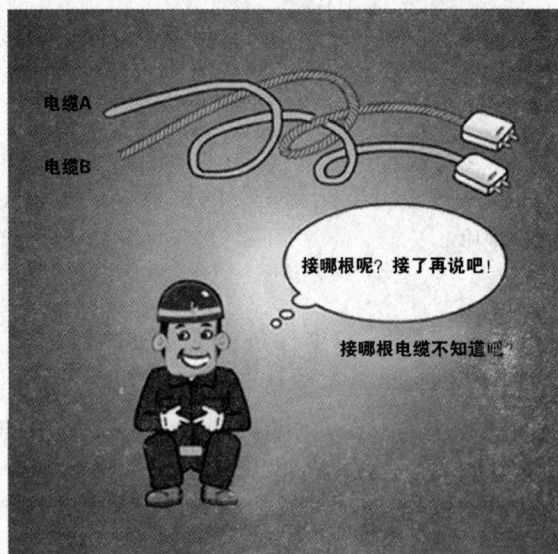

图 8-12　电缆种类繁多，作业人员对电气设备的熟悉
掌握程度不够，导致技术走样

四、吸取的教训

（1）现场工作负责人履行安规能力差，现场指挥能力差。

（2）对施工队的日常管理不到位，未真正体现将施工班组作为自己的施工班组管理的要求，对施工队的责任教育、安全意识教育、安全技能教育、安规教育质量不高，流于形式。施工队内部安全管理薄弱。此次事故的发生绝不是偶然，而是日常管理松懈的必然结果。

五、整改措施

（1）对此类断路器柜间距下的设备接地问题，采用钳形接地线接在电缆桩头上。

（2）加强对施工队的全方位培训，从责任心、技能、操作、跟踪查岗开始，定期、定人开展专项检查工作。

（3）组织人员定期对新的设备类型开展讲座或到设备厂家进行学习。

六、思考题和提示

（1）在较短时间内，危及人生命的最小电流称为什么电流？

提示：在较短时间内，危及人生命的最小电流称为致命电流。

（2）对人体伤害最严重的交流电频率是多少？

提示：在电压相同的情况下，一般来说，频率在 25—300Hz 的电流对人体触电的伤害程度最为严重。

（3）电流对人体伤害的程度取决于什么？

　　提示：电流对人体伤害的程度取决于五个方面：通过人体电流的大小，通电时间的长短，电流通过人体的路径，电流的种类（电流可分为直流电、交流电，交流电可分为工频电和高频电，这些电流对人体都有伤害，但伤害程度不同），触电者的健康状况。

　　（4）为确保人身安全，应采取哪些技术措施？

　　提示：为确保人身安全，要有屏护、间距、安全标志及防止人身触电等一些技术措施。防止人身触电的技术措施有保护接地和保护接零、采用安全电压、装设剩余电流动作保护器等。

高空落物引起母线和主变电站停电

一、理论

特种作业人员须经过培训、考核，具备必要的操作知识和技能，方可进行操作。

连接线以及各接头部位要连接可靠、绝缘良好，避免接线处发生过热现象，接线端头不得外露，应用绝缘布包扎好。

二、事故经过

某日，××变电站对1号母线电压互感器隔离开关进行调换支持绝缘子工作。该变电站电气设备为高层布置，1号母线在上层，2号母线在下层（如图8-13所示）。2号母线正在运行中。

图 8-13　电气设备高层布置图

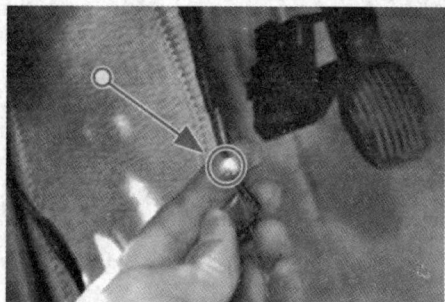

图 8-14　加长的电焊线脱离

当时，由于电焊连接线不够长，且焊接工林某当天有事，为急于完成任务，便接了一根长5m的电焊线，连接方式为电焊枪咬住线头。焊接工作由林某进行，当其焊完A相接地刀，转移准备焊接C相接地刀时，加长的电焊线在离电焊枪3m处断开、下滑（如图8-14所示）。手持电焊枪的林某突然感到电焊线在下沉而脱手，电焊枪连同3m左

238

右的电焊线一起坠落到下层 2 号母线电压互感器隔离开关 A 相刀头上，引起正在运行的 2 号母线单相接地故障，造成较大直接经济损失。

三、原因分析

（1）施工作业方案考虑不周，以极不可靠的手段加长电焊线，导致事故发生。

（2）施工前未认真考虑现场作业环境的安全性，没有进行危险点分析。

（3）焊接工作未请有资质的工作人员进行。

（4）施工作业方案无人审核把关。

（5）施工作业违反客观规律、抢时间、赶进度。

四、吸取的教训

（1）作业前认真做好危险点分析。

（2）专业工作应请有专业资质的工作人员作业。

（3）不能违反客观规律，任何时候都要将安全放在第一位。

五、整改措施

（1）工作前要到工作现场查看并做好危险点分析，安排有针对性的安全措施。

（2）施工作业方案要严格按照规定执行，严禁违反客观规律、抢时间、赶进度。

六、思考题和提示

（1）在有电设备区域进行工作时怎样落实完善的保证安全的施工安全技术措施？

提示：工作前对工作班成员交代安全措施和技术措施，并确认每一个工作班成员都已知晓。

（2）什么是危险点？

提示：危险点是一种可能诱发事故的隐患。

（3）如何进行危险点预控？

提示：工作负责人向工作班成员告知具体的危险点并使其知晓，以起到对危险点的预控作用。进行危险点预控可以化险为夷，确保安全。

（4）违反客观规律、抢时间、赶进度带来的危害有哪些？

提示：违反客观规律、赶时间、抢进度，有时来不及解决安全问题即展开作业；有时安全意识没有完全转移过来，安全措施无法落到实处。

案例八　工频电压过低造成 UPS 频繁启动损坏

一、理论

10kV 及以下三相供电，电压允许偏差为额定电压的±7％。

二、事故经过

某企业的电气自动控制系统安装了 UPS（不间断电源）装置，该装置与变压器的 380V 电源接在一起。如图 8-15 所示，正常情况下电气自动控制系统使用变压器电源，当变压器电压消失或低于设置时，UPS 装置自动投入，维持电气自动控制系统运行。某日，UPS 装置投入运行不到一年时间，突然报警。经查，UPS 装置在一年内启动 1500 多次，造成启动部分损坏。

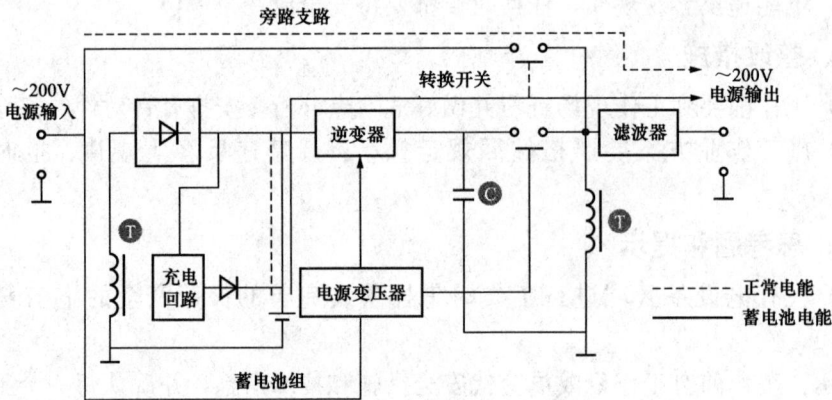

图 8-15　后备式 UPS 原理图

三、原因分析

（1）现场观察、测量发现动力变压器设置输出电压只有 360V，当动力变压器下面大型电动机启动时，动力变压器输出电压跌落至 350V 以下。显然，电压偏低是此次事故发生的直接原因。

（2）UPS 装置投入电压设置为 350V，正常处于备用状态。由于动力变压器输出电压偏低，大型电动机每天启动 5～6 次，动力变压器电压向下波动，导致 UPS 装置频繁启动，是此次事故发生的主要原因。

（3）UPS 装置的工作对象电气控制系统负载电流较大，频繁启动造成内部元件出现较大冲击电流，是此次事故发生的重要原因。

四、吸取的教训

（1）动力变压器的额定输出电压是 400V，带满载负荷输出电压降到 380V 左右，所以在设置变压器输出电压时一定要注意。

(2) 低压电器设备的工作电压是 380V，当电源电压低于 380V 时，低压电器为保证输出功率，必然增大输入电流，电流增大造成电器发热，使电器寿命缩短。

(3) 低电压造成电器工作电流增大，工作电流的增大更降低了变压器输出电压，如此循环，致使整个电源系统长期处于不良工作状态。

五、整改措施

(1) 调整动力变压器输出电压至 380～400V 之间，保证动力变压器在满载情况下，输出电压不低于 370V。

(2) 运行人员将 UPS 装置列入每天巡检的内容，出现异常动作及早发现处理。

六、思考题和提示

(1) 变压器额定输出电压为 400V，而电气设备工作电压 380V，这是怎么回事？

提示：变压器额定输出电压 400V 指不带任何负载的空载输出电压，变压器带满负载后输出电压一般是电气设备额定电压，即输出电压就降到了 380V 左右。

(2) UPS 是一种怎样的设备？

提示：UPS 是利用蓄电池作为能源，经变频成为工频电源的一种设备。

(3) UPS 的作用是什么？

提示：UPS 可以保证部分关键设备（如计算机）始终保有电源。

(4) 交流 220V 电压偏差标准是多少？

提示：交流 220V 电压的偏差是＋7％、－10％，这个电压偏差测试点是进户点。

案例九　工作未结束就送电，检修人员遭电击死亡

一、理论

在电气设备上工作应有保证安全的制度及措施。保证安全的组织措施包括现场勘察制度、工作票制度、工作许可制度、工作监护制度、工作间断制度、工作终结和恢复送电制度。

二、事故经过

某日，××供电所调度员李某接 10kV××线（××线有 3 条支线）停电的报告。李某用电话向所长马某进行了汇报（当时马某不在所内）。马某用电话安排兼职安全员王某拉开××线线路的跌落式熔断器。在王某拉开××线的跌落式熔断器后，李某电话通知××线运行管理电工翁某、姜某、蒋某分别巡视 3 条支线。电工翁某巡线中发现××线分支 25 号杆上 B 相跌落式熔断器断裂，便用电话向马某报告故障情况，马某在电话里安排电工翁某更换该组断裂熔断器。在领料时，安全员王某交代电工翁某要采取安全措施，装设接地线。翁某说："我更换工作结束后，打电话通知你，你再送电。"随后电工翁某找到雷某协助工作，翁某在未采取任何安全措施的情况下就开始工作了。

一小时后，电工姜某巡线结束后通知供电所调度员李某可以送电，李某未询问其姓名，误以为是电工翁某，就通知安全员王某送电。王某问李某："工作干得这么快吗？是翁某来的电话吗？"李某说："是翁某。"安全员王某也没有按事先约定亲自核对，就按李某的传达去操作送电，造成正在杆上更换跌落式熔断器的电工翁某触电死亡（如图 8-16 所示）。

图 8-16　违规操作导致作业人员触电

三、原因分析

（1）电工翁某在未明确工作负责人、未明确工作许可人及相应的工作班人员，未填写事故应急抢修单的情况下，接受所长马某的安排，单人进行电气作业，并在工作地段未验电、未装设接地线的情况下更换跌落式熔断器。安全员王某在调度员李某通知送电时，虽然对调度员李某告知的电工翁某更换跌落式熔断器工作已完毕有疑问，但其并未按事先约定与电工翁某再次核实就盲目送电，致使正在杆上更换跌落式熔断器的电工翁某触电。

（2）调度员李某作为供电所内的值班人员，在接受电工姜某的电话汇报时，未询问清楚对方的姓名，未记录汇报的内容，就认为更换跌落式熔断器的工作已完毕，通知安全员王某送电。

（3）所长马某工作安排不当，违章指挥。故障巡线未明确工作负责人，用电话（如图 8-17 所示）分别安排电工翁某单人更换跌落式熔断器，安全员王某单人操作停电、送电，无人监护，未填用事故应急抢修单，未确定工作班成员并统一布置任务，未进行危险点告知、交代安全组织措施和技术措施，致使巡线和检修的人员对整体任务不清楚，相互的工作任务不了解，没有采取任何安全措施。

图 8-17　未填用事故抢修单，使用电话违章指挥，造成事故

四、吸取的教训

（1）深刻吸取事故教训，剖析事故根源，开展安全大检查，并组织安全生产大讨论，重点查找各种形式的违章行为，制订整改措施，加强对违章行为的查处力度。

（2）对于保证安全的组织措施和技术措施，必须严格地、不折不扣地加以执行，不能存有侥幸心理。

（3）在进行线路故障巡视及抢修时，应按规程规定使用事故应急抢修单，统一组织，并进行合理的人员分工，处理线路、设备故障，操作电气设备，要有专人监护，严禁单人作业。

（4）工作前，应召开班前会，明确工作任务和人员分工，交代安全注意事项。

（5）严格执行事故应急抢修工作流程。

五、整改措施

（1）规范电话联系程序。现场作业人员向工作负责人或值班人员汇报工作，应通报本人姓名、工作地点和工作内容，工作负责人或值班人员应对作业人员姓名、工作地点和工作内容进一步确认，值班人员对通话内容要做好记录以备检查。

（2）进一步提高现场作业人员的自我保护能力，自觉加强安全防护，保证自身安全。

（3）各工作班要对工作地段两端和有可能送电到停电线路工作地段的分支线（包括用户）都进行验电、装设工作接地线工作。验电，装、拆接地线应在监护下进行。

（4）完工后，工作负责人（包括小组负责人）应检查线路检修地段的状况，确认在杆塔上、导线上、绝缘子串上及其他辅助设备上没有遗留的个人保安线、工具、材料等，查明全部工作人员确由杆塔上撤下后，再命令拆除工作地段所挂接地线。接地线拆除后，即认为线路带电，不准任何人再登杆塔进行工作。

（5）事故应急抢修可不用工作票，但应使用事故应急抢修单。

六、思考题和提示

（1）线路停电检修，运行值班员必须在变、配电所先做哪些工作，然后才能发出许可工作的命令？

提示：将线路可能受电的各方面均拉闸停电，挂好接地线，将工作班组数目、工作负责人姓名、工作地点做好记录，将工作任务记入记录簿内。

（2）线路停电检修结束后，要做好哪些工作方可向线路送电？

提示：应得到工作负责人（包括用户）的竣工报告，确认所有工作班组均已竣工，接地线已拆除，工作人员已全部撤离线路，并与记录簿核对无误后，方可下令拆除其他安全措施，向线路送电。

（3）线路作业应停电，哪些范围应断开？

提示：断开发电厂、变（配）电站的线路断路器和隔离开关；断开工作线路上各端（含分支）断路器、隔离开关和熔断器；断开危及线路停电作业，且不能采取措施的交叉跨越、平行和同杆塔线路的断路器、隔离开关和熔断器；断开可能反送电的低压电源断路器、隔离开关和熔断器。

　　（4）工作许可人在接到所有工作负责人（包括用户）的完工报告后应做哪些工作？

　　提示：确认全部工作已经完毕，所有工作人员已由线路上撤离，接地线已经全部拆除，与记录簿核对无误并做好记录后，方可下令拆除各侧安全措施，向线路恢复送电。

案例十 红白带未扎紧引起母线故障

一、理论

如图 8-18 所示，红白带是用于安全作业的警示带，表示红白带围绕范围内是作业范围，应予以高度重视。

图 8-18 红白警示带

工作完毕应及时清理工作范围内的设备、工器具，并做到场地干净。

带电的相与相之间一旦短路，会流通二相或三相短路电流，短路电流很大，容易造成事故。

水是导电物质，一旦通过物体引导，便会形成短路。

二、事故经过

某日，220kV××变电站 1 号主变压器220kV 隔离开关检修，检修期间将邻近两侧有电隔离开关附近的走道南北铁栏杆分别用红白带拦起来，由于其中一根红白带在栏杆上打的是单结，被大风吹散，飘落到底层 220kV 副母线 B 相和 220kV 副母线隔离开关 A 相引线上，造成 220kV 副母线 A、B 二相短路故障，母线保护动作。该站一条线路停电。

三、原因分析

（1）该变电站 220kV 设备为高层布置，正母线在上层，副母线在下层，用于 1号主变压器 220kV 正母线隔离开关检修安全措施的一根红白带未扎好（只打了一个单结），值班人员又未在工作票结束时及时将其收掉，以致被大风吹落到运行的220kV 副母线上，造成 220kV 副母线 A、B 二相短路故障。

（2）该红白带使用时间过长，检修期间该变电站值班员巡视检查不到位、不认真，也是此次事故发生的原因之一。

四、吸取的教训

（1）运行人员对现场布置的安全措施应定期进行检查，尤其是在恶劣气候到来前应考虑现场安全措施的可靠性。

（2）工作结束后不及时收回安全措施的危害性很大，不仅会导致类似事故的发生，而且极有可能对其他工作现场造成误导，因此必须加强对工作完毕后执行情况的管理和考核。

五、整改措施

（1）检修期间，运行人员应严格按规定进行安全措施检查。

（2）工作结束要严格按规定做到"工完、料尽、场地清"。

（3）提高现场人员执行安全纪律的严肃性。

六、思考题和提示

（1）二相短路属于什么类型的故障？

提示：二相短路属于不对称故障，在短路电流中含有正序分量和负序分量。

（2）二相短路与三相短路相比，哪种故障的短路电流更大？

提示：在高压电网中，正序等值阻抗和负序等值阻抗大致相当，这时二相短路电流大约是三相短路的 0.866 倍，因此三相短路故障更加严重。

（3）短路的定义是什么？

短路就是电路中处于不同电压间无任何电阻、任何电抗的直接电气连接。

（4）为什么说短路危害很大？

提示：根据欧姆定律 $U = IR$，电流 $I = U/R$，当 R 趋于零时，电流 I 趋于无穷大。这就是短路的破坏性很大的原因所在。

案例十一 户外终端绝缘干枯故障

一、理论

电场是带电体周围空间存在的一种特殊形态的物质，当两个带电物体互相靠近时，它们之间就有作用力。凡有电荷存在，其周围必然有电场存在。

交变电场中，浸渍纸绝缘电缆中浸渍剂的体积膨胀系数约为电缆其他材料（固体）的 10 倍。当电缆温度上升时，由于浸渍剂膨胀系数大，铅护套必然受到浸渍剂膨胀压力而胀大，当温度下降时，由于铅护套的不可逆变塑性，在铅护套内部、绝缘层中必然形成气隙。气体介电常数比浸渍纸小得多，在交流电压作用下，气体能够承受较高的电场强度，而气体的击穿场强又比浸渍纸低得多，同时线芯表面电场场强最高，致使靠近缆芯表面绝缘层的间隙先产生局部放电，局部放电使浸渍剂分解气体，扩大气隙，产生离子撞击下一层纸带，赶走纸带中的浸渍剂，随着放电道路的扩大和延伸，放电电流逐步增大，浸渍剂加速分解，周而复始，最后导致整个绝缘层击穿（如图 8-19 所示）。

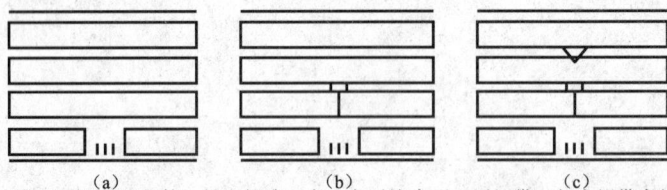

（局部放电使浸渍剂分解气体，扩大气隙，产生离子撞击下一层纸带，赶走纸带中的浸渍剂，随着放电道路的扩大和延伸，放电电流逐步增大，浸渍剂加速分解，周而复始）

图 8-19 纸绝缘电缆—绝缘层内部放电发展过程示意图

二、事故经过

某日，某单位电缆线路户外终端发生绝缘干枯故障。故障电缆型号为 ZLQ$_{12}$—10kV 3×35mm^2，终端型号为户外热缩式终端。

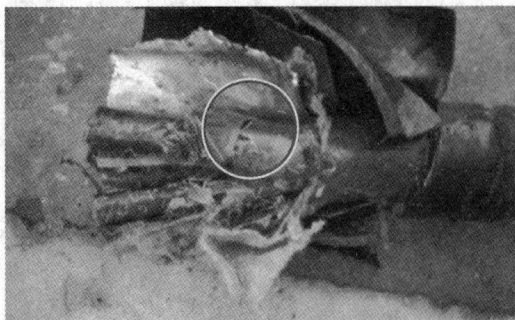

解剖发现电缆由××电缆厂生产，纸绝缘已呈干枯状态（如图 8-20 所示）。

图 8-20 电缆红圈处层纸状绝缘
脆裂、撕断，已呈干枯状

三、原因分析

具体原因包括以下几点：

（1）由绝缘老化干枯引起。

（2）外界潮气进入引发故障。

（3）各种导致绝缘老化因素。

需要注意的是，导致绝缘老化的因素有：终端所处位置较高，电缆中的油浸渍剂在高落差下在重力作用下易向下集中，致使与终端相连处的电缆内油纸易干枯；制作终端时要进行热缩工艺，会加速电缆纸老化；由于热收缩套管与电缆的热膨胀系数不同，在负荷变化、热胀冷缩过程中容易在热缩管与电缆间形成间隙，从而使外界潮气进入绝缘。

（4）绝缘性能下降导致。电缆投运后，运行时间较长，绝缘性能下降。

四、吸取的教训

（1）如果 10kV 油纸绝缘电缆及运行时间超过寿命服役期，应加快更新改造速度。

（2）电缆故障的需要针对故障原因制订出一系列有效的预防措施。

五、整改措施

（1）当 10kV 油纸绝缘电缆热缩户外终端发生故障后，应全线更换交联电缆。

（2）如果抢修时现场条件不允许进行全线更换，在抢修记录中应附加说明，同时尽早制订计划安排对该电缆线路进行更新。

六、思考题和提示

（1）纸绝缘电缆绝缘层内由气隙引起的局部放电的发展方向一般是怎样的？

提示：纸绝缘电缆绝缘层内由气隙引起的局部放电的发展方向一般是由线芯向绝缘表面。

（2）导致电缆绝缘老化的主要原因有哪些？

提示：长期的承担负荷发热，使得绝缘变脆，化学性能降低；电化学腐蚀，由于电缆部分存在的小间隙造成气隙放电，产生氧化物质造成腐蚀；所处环境的腐蚀，地下的杂散电流，含有化学腐蚀的气体或者液体。

（3）绝缘变质的事故应怎样预防？

提示：根据规定，20～35kV 黏性浸渍纸绝缘电缆的终端，不应用无流动性的绝缘胶作填充用，防止垂直部分电缆的干枯。

（4）简述鉴定电缆绝缘老化的方法。

提示：从多方面进行综合判断。运行中或预防性试验中电缆绝缘事故或绝缘击穿的次数；检修中发现电缆绝缘老化的迹象，如油纸绝缘电缆浸渍剂油的蜡化结晶状态、纸的粘连变质情况，以及正常操作方法造成绝缘损伤的程度；割下完成的试样，送交有关研究试验单位鉴定。

案例十二 检修电气设备时拉开电源断路器未挂标示牌，
造成检修人员被电击

一、理论

电能作为生产和生活的重要能源，在给人们带来方便的同时，也具有很大的危险性和破坏性，如果操作或使用不当，就会危及人的生命、财产甚至电力系统的安全，造成巨大的损失。因此，电工进网作业必须严格遵守规程、规范，掌握电气安全技术，熟悉保证电气安全的各项措施，防止事故发生。

二、事故经过

某企业的一个车间有三条自动流水线，王某、闻某、奚某三人负责管理流水线。有一天王某病假，就在这一天的 14：00，车间受电柜的断路器突然跳闸，三条自动流水线停运。闻某立即通知电工报修，电工到现场检查受电柜输出的电源线是否有绝缘击穿而造成短路现象，结果确有一条自动流水线电源断路器上桩头（电源进线）胶木炭化三相短路，造成车间受电柜断路器跳闸。电工要求闻某到仓库去领一个同样规格的断路器，闻某回来告诉电工这个规格现在没有。电工打电话给仓库问什么时候有，仓库回复明天早上就有了。电工就对闻某、奚某说："明天上午你们就不要来上班，我来维修。"次日早上，电工拿了断路器到车间，把车间的总受电柜的断路器拉下停电，也做了验电，确认无电。马上去换断路器，刚拆下第一相上桩头线时，突然被电击了。

三、原因分析

（1）王某昨天病假，今天来上班，但他不知道昨天发生了什么事情，他一进车间就把受电柜断路器合上，于是造成电工被电击（如图 8-21 所示）。

图 8-21　受电柜断路器突然合上导致电工被电击

（2）未按照规定做好安全措施。

四、吸取的教训

（1）保证电气安全工作组织措施的同时，还应确保电气工作安全，必须实施技术措施。

（2）在电气设备上工作，应完成停电、验电、装设接地线、悬挂标示牌（如图8-22所示）和装设遮拦（围栏）等保护安全的技术措施。

图 8-22 在电气设备上工作时应按规定悬挂标示牌

五、整改措施

（1）设备停电检修，在断路器把手上要悬挂"严禁合闸，线路有人工作！"的标示牌。

（2）设备停电检修时，在线路上应悬挂携带型接地线。

（3）上班前要及时开好班前会，做好工作上的信息沟通。

六、思考题和提示

（1）什么叫电气安全工作的技术措施？

提示：在电气设备上工作，应完成停电、验电、装设接地线、悬挂标示牌和装设遮拦（围栏）等安全的技术措施。

（2）在检修电气设备时应做好哪些安全技术措施？

提示：检修电气设备在完成停电、验电、装设接地线后还不能工作，以防工作中工作人员或工作工具误碰带电设备或距离带电设备太近造成带电设备对人放电；同时，为防止误合闸造成误送电，还必须完成悬挂标示牌和装设遮拦工作。只有落实好上述各项技术措施后，才能开始工作。

（3）如何判断检修设备为停电状态？

提示：各方面的电源已完全断开（任何运行中的星形接线设备的中性点，应视为带电设备）。拉开隔离开关，手车断路器应拉至试验或检修位置，应使各方面有一个明显的断开点。与停电设备有关的变压器和电压互感器，应将设备各侧断开，防止向停电检修设备反送电。

（4）怎样做好验电工作？

提示：验电前，应先检查验电器外表完好无损，再到有电设备上进行试验，确证验电器是良好的，然后进行验电。验电时，必须使用相应电压等级而且合格的验电器，在检修设备进出线两侧各相分别验电。

案例十三　交联 35kＶ 单芯电缆由于屏蔽层连接不可靠引发缺陷

一、理论

电缆接头的绝缘套管应完整、清洁、无闪络放电痕迹，附近无鸟巢，电缆接头连接点接触应良好，无发热现象。

红外检测电压致热电缆的过热缺陷判断依据是：热像特征为电缆头出线套管整体或局部温度升高，其故障特征为电压型，电缆头受潮、劣化，允许温升为 0.5K，相间温差为 0.5K。

二、事故经过

某日，某电缆公司施工人员进行排管电缆敷设工作时发现支架上有一根运行中的 35kV 电缆接头温度过高，便立即报电缆公司设备运行部。设备运行部人员接到报告后立即派人到施工现场对发热的接头进行了测温，结果红外热像仪显示接头温度高达 40℃，而电缆本体温度仅 25℃。相对温差较大，确定为电缆存在缺陷（如图 8-23 所示）。

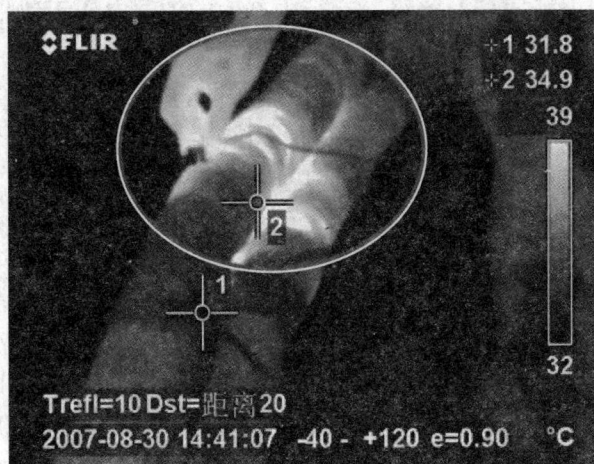

图 8-23　电缆中间接头出线套管局部温度升高

相关人员立即联系调度，于次日将该电缆停电进行解剖。发现该电缆发热处在电缆金属屏蔽层的连接处，由于未将电缆金属屏蔽层的铜丝用压接管进行连接，而是采用接触不良的点焊接连接，导致该处的接触电阻过高造成了局部过热。该处的铠装层和绝缘层都受到了损伤（如图 8-24 所示）。遂决定将该电缆的所有中间接头全部进行解剖，并改用压接管进行连接。

发热点已将玻璃铠装层熔一缺口

解剖电缆中间接头，寻找原因

图 8-24 电缆中间接头接触电阻过高导致局部过热，铠装和绝缘层受到损伤

三、原因分析

（1）金属屏蔽连接接触电阻过大，绝缘层受损，铠装层中出现环流。

由于单芯电缆的结构与统包电缆不同，单芯电缆每根线芯专用一个金属屏蔽层，且每相的金属屏蔽层相对绝缘，运行中产生的护层电压无法抵消，单芯电缆终端与系统两端接地，致使电缆内部铠装层中出现环流。

（2）接地线连接采用点焊方式，连接点电阻过大。

接地线连接采用点焊方式，连接点电阻过大后发热，长期运行导致绝缘烧坏，最终可能发生故障击穿。

四、吸取的教训

（1）单芯 35kV 电缆的护层感应电压引起的缺陷尚属首次发现，主要原因是金属屏蔽层的连接方式不规范。

（2）因 35kV $1\times630\text{mm}^2$ 电缆及 3M 绕包式中间接头初次使用，接头工艺管理不规范，技工工艺不熟悉，造成了沿用 35kV $3\times400\text{mm}^2$ 电缆的屏蔽层连接方式。

五、整改措施

（1）屏蔽线的连接必须采用压接方式。

（2）单芯电缆接地线连接采用一端连接，以消除感应电流。

（3）采用品字形排列敷设，降低感应电流。

（4）长距离单芯电缆在适当处可采用交叉互联，以降低感应电压及感应电流。

六、思考题和提示

（1）110kV 及以上电缆线路设备的红外检测周期为几个月？

提示：3 个月。

（2）电缆为什么要采用导体屏蔽、绝缘屏蔽？

提示：电缆之所以要采用导体屏蔽和绝缘屏蔽，实质上是一种改善电场分布的措施。

（3）电缆半导体屏蔽层除了起到均匀电场的作用外，还可以起到什么作用？

提示：还可以起到改善老化和绝缘性能的作用。

（4）电缆的屏蔽可分为几类？

提示：电缆的屏蔽按照屏蔽的原理可以分为三种——静电屏蔽、静磁屏蔽、电磁屏蔽。

案例十四　盲目作业导致电弧烧伤电试人员

一、理论

停电设备的各端应有明显的断开点或能反映设备运行状态的电气或机械指示，不应在只经过断路器断开电源的设备上工作。

二、事故经过

某企业需要对拖动空压机的 3 号 6kV 高压电动机回路执行电气预防性试验，于是提前一天电话通知空压机站（如图 8-25 所示），请机站值班人员做好准备。

第二天试验班人员来到空压机站，迎面碰见空压机房值班员胡某。胡某说："3 号空压机昨天晚上已经停机，今天可以做电气试验了。"试验班长林某对班组成员岑某、王某说："等会儿你们两个先测 3 号高压电动机断路器的绝缘，然后再做其他试验。"说完，林某就到值班室办理工作手续。岑某、王某误以为林某现在就让他俩去测绝缘，于是打开 3 号高压电动机后仓门。岑某刚刚用右手将测试导线碰到断路器母线侧 A 相铜排发生触电，随即右手痉挛不能脱离，大声呼叫。王某上前立即拉住岑某衣角，用力将岑某拉开。测试导线随同岑某脱离 A 相铜排时产生的电弧将两人不同程度灼伤（如图 8-26 所示）。

图 8-25　空压机站现场

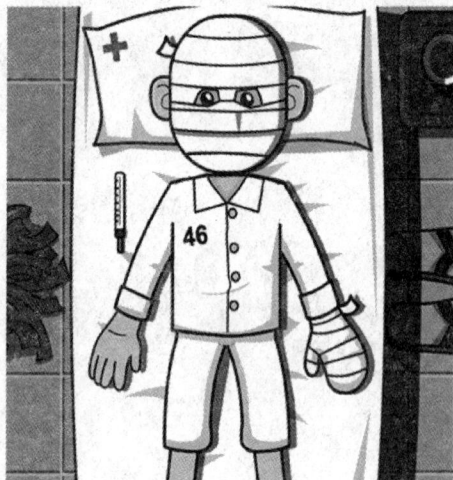

图 8-26　脸部和手部被电弧严重灼伤的岑某

三、原因分析

（1）未办理工作票施工。《电力安全工作规程　发电厂与变电站部分》规定：

在电气设备上工作应有保证安全的制度措施。在没有落实保证安全的组织措施、技术措施的情况下试验人员盲目作业是此次事故发生的直接原因。

（2）试验负责人未交代清楚。负责人林某交代岑某、王某工作任务，但未强调必须待安全措施完善、工作票签字后开始作业，导致岑某、王某误以为立即作业。

（3）试验人员盲目作业。岑某、王某听到空压机房值班员胡某说"3号机昨天已经停电"，加上负责人林某布置任务，在没有确认3号电动机高压断路器停电是否彻底、安全措施是否落实的情况下盲目作业，导致被电弧灼伤。

（4）停电不彻底。3号高压电动机断路器虽然已经断开，但母线隔离开关没有拉开（GG型老式成套高压柜），实际处于热备用状态，断路器上端至母线隔离开关实际带电。

图 8-27　现场作业须做好
安全措施，方可作业

四、吸取的教训

（1）现场作业必须执行《电力安全工作规程》中的组织措施（执行工作票制度），并在技术措施（停电、验电、挂接地线）完善后，经过许可方可作业（如图 8-27 所示）。

（2）试验负责人不应在组织措施、技术措施未落实情况下先行布置任务。

（3）试验人员必须在工作负责人发布正式指令后，方可作业。

五、整改措施

（1）再次学习《电力安全工作规程》，并针对本次事故教训，查找其他作业方面存在的安全隐患，防止类似事故再次发生。

（2）试验班组现场作业，只有当负责人办理完施工手续（工作票），并与运行人员确认安全技术措施落实后，再向作业人员布置作业任务。

（3）试验人员没有经过负责人许可，禁止任何作业行为。

六、思考题和提示

（1）岑某 6kV 高压触电为什么没有造成严重后果？

提示：事故发生点的 6kV 高压是不接地系统，只存在电容电流。触电时电容电流流经岑某，当岑某脱离电源时被电容电流弧光灼伤。

（2）本案例中提到 3 号高压电动机处于热备用是怎么回事？

提示：热备用是高压电气设备的一种状态，即断路器断开，母线隔离开关、线路隔离开关处于合闸状态。一旦断路器合闸，整个 3 号高压电动机回路带电。

（3）高压电气设备共有几种状态？

提示：一共有四种。运行状态：断路器、母线隔离开关、线路隔离开关均处于合闸位置。热备用状态：断路器断开，母线隔离开关、线路隔离开关处于合闸位置。冷备用状态：断路器、母线隔离开关、线路隔离开关均处于断开位置。检修状态：断路器、母线隔离开关、线路隔离开关均处于断开位置，相关位置装设接地线。

没有工作票，光缆工走错仓位引发触电事故

一、理论

工作票制度：工作票是准许在电气设备或线路上工作的书面安全要求之一。

二、事故经过

某企业进口设备 35/10kV 变电站已运行 20 多年，现对 10kV 金属铠装高压柜的继电保护装置进行改造。新改造的装置采用微机继电保护，并通过光缆实现通信。

光缆在铺设过程中需要打开金属铠装高压柜的后盖板，由组长秦某安排作业人员甄某进行操作（如图 8-28 所示）。站在高压柜前的作业组长秦某对站在高压柜后的甄某说："打开右手第二个没有电的后柜板。"甄某打开的却是左边第二个带电后柜板放光缆。甄某左手触及 10kV 馈线铜排，触电死亡（如图 8-29 所示）。

图 8-28　组长在安排作业人员打开高压柜的后柜板

图 8-29　作业人员触电现场示意图

三、原因分析

（1）企业电气设备管理工作混乱。高压电气工作没有工作票制度，无人许可，也没有采取高压作业安全技术措施（验电、挂接地线），是此次事故发生的直接原因。

（2）指令概念模糊。秦某说打开右手第二个后柜板，对甄某而言实际上是左手第二个后柜板，结果致使甄某走错仓位，是此次事故发生的主要原因。

（3）"五防"措施不全。早年进口的高压柜不具备"防止进入有电间隔"功能，是此次事故发生的重要原因。

四、吸取的教训

（1）高压停电作业必须有技术措施（验电、挂接地线），否则禁止作业。

（2）禁止在高压柜工作中指柜作业，应明确说明高压柜设备编号和设备名称。

五、整改措施

（1）建立健全高压电气设备管理制度，落实高压电气工作各项规程要求，并在作业中实施，确保电气作业安全（如图 8-30 所示）。

图 8-30　落实高压电气工作各项规程要求

（2）对高压柜后柜板加装电磁连锁或有电显示装置。

（3）重新学习《电力安全工作规程　发电厂和变电站电气部分》中的条款。

六、思考题和提示

（1）本案例成套柜不满足"五防"中的哪一条？

提示：不满足"五防"措施第五条，即防止进入有电间隔。

（2）高压成套柜应实现哪些"五防"相互连锁功能？

提示：采用断路器、隔离开关、接地开关与柜门之间强制性机械闭锁方式或电磁闭锁方式实现"五防"相互连锁。

（3）针对本案例，应怎样正确核对高压柜前、柜后位置？

提示：必须核对高压柜前、柜后的设备名称与设备编号确认高压柜位置。

（4）高压成套配电设备的发展趋势是什么？

提示：高压成套配电设备正向小型化、低能耗、全封闭、全绝缘、智能化、多功能、模块化和功能单元通用性、长寿命、安装使用方便、免维护趋势发展。

案例十六　擅自打开有警示标志柜门引发自身触电

一、理论

工作人员在工作中不应擅自移动或拆除遮拦、接地线和标示牌，以确保工作安全。

在原工作票的停电范围内增加新的工作任务时，应由工作负责人征得工作票签发人和工作许可人同意，再在工作票上增填工作项目。如需变更或增设安全措施，应填用新的工作票，并重新履行工作许可手续。

工作负责人、专责监护人必须始终在工作现场，对工作班人员的安全认真监护，及时纠正不安全的行为。

二、事故经过

某年 4 月某日，某公司在××变电站进行 35kV 设备改造工程，工作负责人刘某带领班员章某到该变电站进行设备改造工作。任务是 1 号主变压器 35kV 加装低电压过流保护，敷设二次电缆线。当天，刘某持变电第一种工作票，在 10kV 一段电压互感器/避雷器柜敷设二次电缆线。如图 8-31 所示，现场安全措施为：在10kV 一段电压互感器/避雷器柜中部间隔柜门上悬挂"在此工作"标示牌；下部间隔避雷器小车拉出，柜门关闭且有 4 只专用螺栓锁住，柜门悬挂"止步，高压危险！"标示牌（原柜门上贴有"小车拉出后、仓内静触头有电！"的白底红字安全警示标志）。现场工作许可人在做好现场安全措施后向刘某许可工作，执行了"两交一查（交工作任务、交安全措施、查安全措施的落实）"的许可工作流程，并交代了该电压互感器、避雷器静触头有电的注意事项。接着，刘某、章某两人先按工作票要求在 10kV 一段电压互感器/避雷器柜中部间隔前区内帘门处加锁、悬挂"止步、高压危险！"标示牌，做完补充安全措施后，就开始进行着二次电缆的敷设工作。10min后听到"轰"的放电声响，站内 2 号主变压器 10kV、35kV 断路器跳闸，10kV 一

图 8-31　现场安全措施

段、二(1)段母线失电；站外的其他工作人员发现异常后冲进站内，看到刘某已倒在了 10kV 一段电压互感器/避雷器柜下部间隔的门口，原本关闭的柜门敞开着，烟和雾弥漫着整个柜体，章某也受到了电弧击伤。众人立即将两人身上的火焰扑灭，并送往医院抢救，刘某经抢救无效死亡，章某烧成重伤。

三、原因分析

（1）电缆敷设时要求二次电缆应从电缆层经避雷器间隔的二次电缆槽通向电压互感器间隔，而这样的作业方法施工比较困难。施工人员刘某在敷设二次电缆过程中，为贪图施工方便，擅自打开有 4 只专用螺栓锁住、悬挂有 2 块安全警示牌的柜门，入内作业，导致与 10 kV 避雷器静触头安全距离不足，是此次触电事故发生的直接原因。

（2）施工人员安全意识薄弱，贪图方便，对避雷器柜门的安全措施视而不见，冒险拆除下仓柜内二次电缆槽的金属挡板（如图 8-32 所示）；监护人施工过程监管不到位，对刘某擅自打开挂有警示标志柜门违章行为不进行制止，是此次触电事故发生的间接原因。

（3）施工人员安全意识差，违章作业，贪图方便，擅自打开悬挂有警示标志的柜门，是此次触电事故发生的主要原因。

四、吸取的教训

施工必须严格执行《电力安全工作规程》中的要求，按工作票列明的工作内容开展工作；严格按规定的工艺施工，不得擅自改变施工方法；监护人要尽到监护责任，及时阻止违章行为。此次事故用血的教训告诉我们，贪图方便、违章作业会付出生命的代价。

五、整改措施

（1）加强对施工人员的安全教育，认真学习《电力安全工作规程》，增强员工的安全意识。

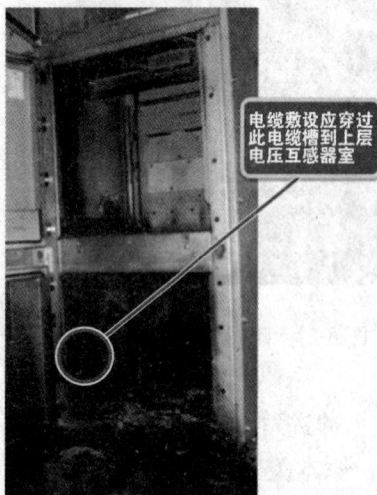

图 8-32 柜内电线槽

电缆敷设应穿过此电缆槽到上层电压互感器室

（2）加强反违章、爱生命主题教育，教育员工施工不图方便、不冒险，做到安全生产。

（3）对工作负责人和监护人组织安规考试，使其懂得什么是违章行为，明确自身的职责就是对他人的生命负责，自己的疏忽不仅会断送他人的生命，也可能危及自身。

（4）在工作交底时，既要交代清楚工艺要求，更要交代清楚不按照工艺操作存在的安全风险和隐患，从源头上杜绝贪图方便的思想。

六、思考题和提示

（1）什么是"两交一查"？

提示：两交一查就是：交工作任务、交安全措施、查安全措施的落实情况。

（2）停电工作中要变更工作内容或安全措施

应如何进行？

提示：在原工作票的停电及安全措施范围内增加工作任务时，应由工作负责人征得工作票签发人和工作许可人同意，并在工作票上增填工作项目。若需变更或增设安全措施者应填用新的工作票，并重新履行签发许可手续。

如工作票签发人无法当面办理，应通过电话联系，并在工作票登记簿和工作票上注明。

（3）什么是对安全事故的"三不放过"原则？

提示："三不放过"是指在调查处理安全事故时，必须坚持事故原因分析不清不放过，事故责任者和群众没有受到教育不放过，没有采取切实可行的防范措施不放过的原则。

（4）专职监护人的安全职责包括哪些？

提示：明确被监护人员和监护范围，工作前对被监护人员交代安全措施，告知危险点和安全注意事项；监督被监护人员遵守规程和现场安全措施，及时纠正不安全行为。

案例十七　停错断路器造成未验电挂接地线

一、理论

检修的电气设备和线路停电后，在装设接地线之前，应在设备接地部位逐相验明确无电压。

装设接地线是防止停电后电气设备及线路突然来电而造成检修作业人员意外伤害的技术措施。

装设接地线时，必须先接接地端，后接导体端，拆除接地线时与此相反。

二、事故经过

某铜矿企业有专用水泵控制站，该站安装的是早年生产的 GG 型 6kV 高压成套柜，其中 8 面高压柜为控制抽水泵的电动机，还有电力变压器等。某日，3 号电动机需要做电气试验。

当试验人员来到泵房控制站，值班员陈某对试验负责人李某说："3 号机已经停电，柜子后板也已打开，可以做试验了。"当试验负责人李某跟随值班员陈某去高压柜后面查看停电现状时，李某发现接地线没有装设。于是陈某就拿来一副接地线，在没有验电的情况下开始装设。陈某刚将一根接地线与馈线铜排接触，立刻出现放电火花。原来，陈某事先打开的是运行中的 5 号水泵电动机柜。事故致使水泵房信号盘响起警铃，光字显示 6kV 系统接地，值班员陈某没有受到伤害。

图 8-33　未验电准备装接地线

三、原因分析

（1）该水泵控制站管理混乱，没有执行电力部门的一整套安全管理、操作制度是此次事故发生的根本原因。

（2）值班员陈某在执行 3 号电动机停电操作后，来到高压柜后打开的不是 3 号电动机高压柜后板，而是 5 号电动机的后柜板，是此次事故发生的直接原因。

（3）值班员陈某没有仔细确认，在未验电的情况下错误打开 5 号电动机的后柜板（如图 8-33 所示），自身安全意识不强。接连违反了《电力安全工作规程　发电厂和变电站电气部分》中停电、验电、装设接地线等规定，是此次事故发生的重要原因。

四、吸取的教训

（1）高压电是非常危险的电源，一旦人员触及，后果是极其严重的，所以操作一定要按照规程的规定执行，否则后果不可想象（如图 8-34 所示）。

（2）接地线是生命线，也是保安线。但是使用不当也会造成严重后果，这次是侥幸没有出事。

（3）使用接地线的前提是验电，验电的前提是停电，顺序不能颠倒。

五、整改措施

（1）立即根据电力部门的规范，建立健全水泵控制站的安全管理、操作制度，组织员工学习《电力安全工作规程》，并进行必要的安全培训。

（2）针对老式的"五防"措施不全的GG 型高压成套柜，着手进行技术改造，有条件的采用新型的、"五防"功能齐全的高压成套柜。

图 8-34　高压电操作一定要按规程执行

（3）重新标注泵房控制站各个高压柜的设备名称、设备编号。强调执行操作任务时必须核对高压柜前后的名称、编号，确保不走错仓位，不错误打开柜门。

六、思考题和提示

（1）值班员陈某带电装设接地线，高压柜不具备"五防"中的哪一条？

提示：高压柜可以带电进入，属于不具备"防误入有电间隔"这条。

（2）值班员陈某带电装设接地线，高压 6kV 为什么没有"放炮"？

提示：该 6kV 系统中性点没有接地，陈某装设接地线时先接一相，此时属于不接地系统单相接地，没有短路弧光，只有电容放电电流，所以不会"放炮"。

（3）如果值班员陈某在正确验电后装设接地线，还会出现电火花吗？

提示：这种情况也有可能。电缆线路停电后，由于电容效应，装设接地线出现火花是电容放电。但前提是验电结果正确、结果必须与验电过程对应。

（4）为什么值班员陈某带电装设接地线一相时，信号盘警铃响起，喇叭不响？

提示：警铃响是预告信号，表明设备出现异常情况（如不接地系统发生单相接地）。而喇叭响是故障信号，表明有断路器出现跳闸。

案例十八　违规操作引起触电

一、理论

工作负责人（监护人）必须始终在工作现场，对工作班人员的安全认真监护，及时纠正违反安全要求的动作。

在电气设备上工作，应完成停电、验电、装设接地线、悬挂标示牌和装设遮拦等安全技术措施。

装设接地线必须先接接地端，后接导体端，而且接触必须良好。

二、事故经过

某地线路检修班组在一低压地区进行更换导线的施工作业。工作开始前，工作负责人安排作业班成员甲、乙两人到 10kV 干线 66 号杆（变台杆）做安全措施，并告诉两人验电器和接地线都在车上，同时将操作票交给甲。于是两人便骑摩托车前去验电挂地线等。但两人到车上后只拿了接地线而没有拿验电器，之后便直接来到 65 号杆并准备上杆挂地线。由于该接地线没有接地棒（如图 8-35 所示），甲便对乙说："你到老百姓家借根钢筋作接地棒，我先准备。"当乙走后，甲便在无人监护的情况下擅自登杆，在挂第一根接地线时，便发生触电死亡事故。

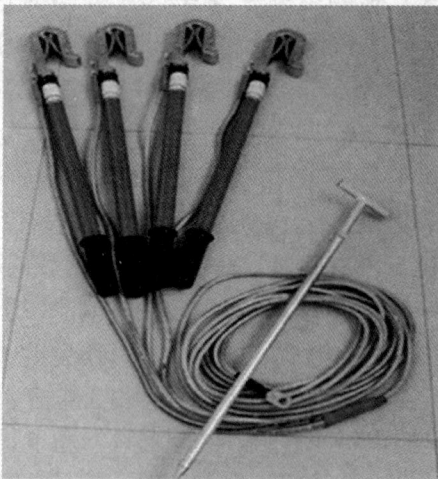

图 8-35　临时接地线

三、原因分析

（1）完成工作许可手续后，工作负责人、专职监护人应向工作班成员交代工作内容、人员分工、带电部位和现场安全措施、进行危险点告知，并履行确认手续，工作班方可开始工作。工作负责人、专职监护人应始终在工作现场，对工作班人员的安全进行认真监护，及时纠正不安全的行为。工作开始前没有认真履行此"告知"和"确认"的规定，施工人员不清楚工作的杆位，导致应在 66 号杆的接地线挂到 65 号杆去了，是此次事故发生的主要原因。

（2）电力线路安全工作的技术措施包括停电、验电、装设接地线、使用个人保安线、悬挂标示牌和装设遮拦（围栏）。两人到车上只拿了接地线而没有拿验电器，之后便直接来到有电的 65 号杆并准备上杆挂地线，造成套接地线成装设接地线前不验电的行为隐患，是此次事故发生的直接原因。

（3）成套接地线应由透明护套的多股软铜线和专用线夹组成。装、拆接地线均应使用绝缘棒并戴绝缘手套。由于该接地线没有接地棒，甲便对乙说："你到老百姓家借根钢筋作接地棒，我先准备。"结果，当乙走后，甲便在无人监护的情况下擅自登杆，造成了操作票未进行双方签名及现场只有一人操作。接地线不规范且单人进行装设接地线操作，是此次事故发生的重要原因。

（4）装设接地线应先接接地端，后接导线端，接地线应接触良好，连接可靠。甲在装设接地线时，未先接接地端，而是直接接到导线上，是此次事故发生的直接原因。

四、吸取的教训

（1）严格执行《电力安全工作规程》是确保电力生产各项工作安全的保证，如违反规程规定冒险作业就会付出血的代价，因此不能存在半点侥幸心理。

（2）班前会草率，没有做到工作内容、人员分工、带电部位和现场安全措施、现场危险源"告知"，并履行"确认"手续。

（3）安全器具必须要完备。

五、整改措施

（1）加强对施工人员的安全教育，认真学习《电力安全工作规程》，增强员工的安全意识。

（2）加强反违章、爱生命主题教育，教育员工施工不图方便、不冒险，做到安全生产。

（3）对工作负责人和监护人组织安规考试，杜绝违章行为，明确自身的职责就是对他人的生命负责，自己的疏忽不仅会断送他人的生命，也可能危及自身。

（4）严格开好班前会，真正做到工作内容、人员分工、带电部位和现场安全措施、现场危险源"告知"，并履行"确认"手续，以保证每个人员明确自己的工作情况。

（5）对安全器具进行全面检查，保证全部合格。

六、思考题和提示

（1）电力线路安全工作的技术措施是什么？

提示：停电、验电、装设接地线、使用个人保安线、悬挂标示牌和装设遮拦（围栏）。

（2）装设接地线的要求有哪些？

提示：装设接地线必须先接接地端，后接导体端，而且接触必须良好；接地线必须用专用的线夹固定在导线上。

（3）对于接地线的要求有哪些？

提示：成套接地线应由透明护套的多股软铜线和专用线夹组成，接地线截面不应小于 25mm²。

（4）怎样确保工作班人员明确自己的工作情况？

提示：完成工作许可手续后，工作负责人、专职监护人应向工作班人员交代工作内容、人员分工、带电部位和现场安全措施、进行危险点告知和其他安全注意事项，工作班人员履行确认手续后，工作班方可开始工作。

案例十九 调试结束短路线未拆除启动时造成保护跳闸

一、理论

变电站内施工应做到工完、料净、场地清。

隐蔽工程在封闭时，需要责任人进行检查后方可隐蔽，并留下责任人签字的书面记录；任何隐蔽工程在封闭后再开启时，应明确具体进行检查的责任人后方可隐蔽（必要时应进行相关试验：绝缘测量、耐压试验、导通测量等），并留下责任人签字的书面记录。

调试、试验结束后，试验的临时接线应由当事人及时拆除。送电前应对所有一、二次设备进行一次巡视检查。

二、事故经过

某日，220kV××变电站新站启动，当合上 2 号主变压器 35kV 三段进线断路器时，35kV 8134 线路电流速断保护跳闸。

随后，工作人员暂停操作，检查故障原因。当打开 35kV 8134 线路电缆仓门时，发现不仅在仓内线路侧铜排上有铜质短接线残留底部，而且还有掉落的残留线（如图 8-36 所示）。随后，对 2 号主变压器 35kV 三段进线开关枪检查，发现后仓绝缘挡板有移位现象（如图 8-37 所示），在厂方人员的配合下，对挡板及时做了处理。与此同时，对 35kV 8134 线相邻两仓、备用 8135 及四段母线打开后仓检查，均正常，隔离 35kV 8134 线后继续启动操作，直至新站启动顺利完成。

图 8-36 8134 线电缆头室内残存的试验线

图 8-37 2 号主变压器 35kV 三段
进线后仓挡板位移下落

三、原因分析

（1）为进行主变压器 380V 的一次通电试验。在新站启动前，调试工作负责人布置继保工将所有 35kV 进出线的断路器柜在电流互感器一次的外侧短路，为通大电流做好准备。

通电试验结束后，两人都未去拆除 35kV 断路器柜内的短接线，试验短接线由其他人员拆除。

当施工人员对 35kV 配电装置室进行了清扫时，发现 1 号站用变压器断路器柜后仓门是打开的，里面还有短接线。班长知道后就通知了调试工作负责人，调试工作负责人自己去拆除了 1 号站用变压器断路器柜电缆仓内的短接线，而没去检查其他仓位。后门封闭的 35kV 断路器柜（如图 8-38 所示），只对其后仓门的全部螺丝进行了紧固。

对 220kV×× 变电站进行调试，合上 2 号主变压器 35kV 三段进线断路器时，发生了 35kV 8134 线路电流速断保护跳闸事故。

（2）继电保护调试工作过程中的一次通电试验短接线未按"工完、料净、场地清"以及《继电保护调试作业指导书》"试验接线及时拆除"的要求，调试工作负责人和继保工在试验后未及时拆除 35kV 8134 线路电缆头引排处的试验短路线（如图 8-39 所示），是造成本次启动故障的直接原因。

（3）该变电站编写的《继电保护作业指导书》主变压器 380V 通电试验一节中未对试验接线位置作出具体规定，也未对拆除试验接线应由界线着在试验结束后自行及时拆除并做好记录作出明确规定，在管理上存在漏洞。

（4）负责装设通电试验装置的工作人员，在试验中途又去配合验收其他回路，导致试验结束后未能及时拆除自己装设的短接线。

图 8-38　线路仓后仓门已关闭

图 8-39　35kV 8134 线路电缆头
引排处的试验短路线

四、吸取的教训

（1）要在管理上杜绝此类事故的发生，在《继电保护作业指导书》中应明确规定试验用短接线的标准、编号、安装部位、拆除应有登记，并有签字记录。

（2）任何隐蔽工程在封闭后再开启时，明确具体的责任人进行检查后方可隐蔽，并留下责任人签字的书面记录。

（3）对可能危及送电的隐蔽部分进行检查，应借助于绝缘测量、耐压试验、导通测量等相关试验，以保证设备安全运行。

五、整改措施

（1）修订相关作业指导文件，规范施工作业流程。

（2）制订和遵循试验接线的使用管理规定。

（3）对试验项目进行分类整理，确定需要编制现场试验方案的项目清单，对重要试验项目必须编制现场试验方案，履行审核批准手续，试验方案应对接线位置、测量项目、试验记录表格和相关工作的执行人等有详细规定；现场应严格按照试验方案进行，如需改变方案，应取得方案审批人的同意。

（4）任何隐蔽工程在封闭后再开启时，应在明确具体的责任人进行检查后方可隐蔽（必要时应进行绝缘测量、耐压试验、导通测量等相关试验），并留下责任人签字的书面记录。

（5）所有工程启动前，由项目部组织相关人员对所有一、二次设备进行一次巡视，并留下相应记录。

六、思考题和提示

（1）变电站对接地线的使用有哪些规定和要求？

提示：每组接地线均应编号，并存放在固定地点。存放位置也应编号，接地线号码与存放位置号码应一致。装、拆接地线应做好记录，交接班时应交代清楚。

（2）变电站对隐蔽工程的验收有哪些规定？

提示：由于隐蔽工程的特性，我们在工作结束进行围土、封盖、灌浆等作业前，必须经过相关的质量签证工作，特别是重大的隐蔽工程必须组织验收、报批，拍照等质量检验程序，严防任何质量上的瑕疵给以后的运行带来隐患。

（3）变电站施工需要隐蔽工程验收的项目有哪些？

提示：所谓隐蔽工程是指地基、电气管线、接地线、母线等工程结束需要将电气设备覆盖、掩盖的工程。如接地线覆土前、变压器器身检查后封闭前、断路器柜或 GIS 组合电器母线封闭前等。

（4）在《继电保护作业指导书》中对试验用短接线的使用要求有哪些明确的规定？

提示：要如同使用工作接地线、保安接地线一样来规范并明确短路线的标准、编号、安装部位，拆除应做登记和签名记录等。

案例二十　未仔细确认，锯错 10kV 电缆险肇事故

一、理论

电缆线路在地下，故障点无法看到，必须使用专用仪器进行测量。

二、事故经过

某公司有座 10kV 中心配电站，站内所有 10kV 的进线与馈线均采用电缆运行方式。某日，中心配电站向空压机送电的 10kV 直埋电缆出现接地故障，经电试人员查找，很快就找到电缆接地的位置。当检修人员挖开地面，呈现在人们面前的是两根并排的 10kV 电缆。在没有仔细核对、也没有进行有电测试的情况下，检修人员陈某认定其中一根就是故障电缆，开始用锯锯电缆。当陈某锯进电缆约 1cm 时，锯口出现电火花，陈某丢弃锯子，跳出电缆坑，没有受伤。

三、原因分析

（1）检修人员安全意识模糊，对挖出的故障与非故障电缆，凭感觉、凭肉眼就认定带电电缆就是故障电缆，是此次事故发生的直接原因。

（2）埋于地下的电缆被挖开后，故障与非故障电缆没有仔细确认，没有查阅电缆资料，没有使用仪器测量带电电缆，锯错带电电缆是此次事故发生的主要原因。

（3）检修人员陈某的违章作业，工作负责人没有制止，是此次事故发生的重要原因。

四、吸取的教训

（1）现场作业，发现作业对象容易混淆、判断错误时（同杆两路架空线、地下两根同走向电缆），一定要仔细辨认、核对清楚，否则禁止施工。

（2）同杆架设的高压线要确认杆号、线路编号、线路名称，同走向的地下电缆要查明电缆排列方式，作业前要落实安全技术措施（验电、挂接地线或打接地桩）。

（3）施工作业中，工作负责人负有一定的安全监护责任，必须对作业人员的行为负责，发现违章、违规作业时必须制止。

五、整改措施

（1）针对这起险些发生的安全事故，应组织人员再次学习《电力安全规程　电力线路部分》，让每个作业人员熟悉电缆作业的安全规定，从根本上树立安全作业的观念。

（2）重新梳理所有电缆交工和检修资料，缺失的应补齐整理后归档。

（3）高压验电器具、电缆验电专用仪器、电缆接地桩等器具要保持良好状态。

六、思考题和提示

（1）陈某错锯 10kV 带电电缆，为什么没有跳电，而是人工操作停电？

提示：我国很多 10kV 供电系统采取不接地方式，10kV 系统不接地，当发生单相接地、没有短路电流时，出现的是接地电容电流，所以不跳电，一般人工操作停电。

（2）电缆开断前应做哪些工作？

提示：依照《电力安全工作规程　电力线路部分》的规定，办理工作票许可作业后，应核对电缆走向、位置，使用专用仪器确认无电，并可靠接地。

（3）电缆停电后为什么要多次放电？

提示：电缆分布电容较大，其结构相当于一个电容器，需多次放电才能消除剩余电荷。

（4）采用电缆供电有什么优点？

提示：一是不占用地上空间；二是供电可靠性高于架空线；三是发生漏电从地下消失，对人伤害小；四是不易受伤害，维护工作量小。

案例二十一 误将未完成工作的二次电缆
接入运行设备造成直流接地

一、理论

对操作电源的基本要求是要有足够的可靠性。

在运行的变电站工作，必须执行工作票制度，在做好一次回路安全隔离措施的同时，更要做好二次回路（包括自动化监控等回路）的保安措施，防止施工影响运行设备。

二、事故经过

某日，××变电站值班人员发现站内 110V 直流绝缘告警信号。经过继电保护人员的试拉检查，发现 4108 线 2181 断路器保护屏直流有接地现象（如图 8-40 所示）。后又经市调当值调度同意，4108 线 2181 断路器改冷备用。第二天，直流接地处理完毕后恢复 4108 线运行，造成 4108 线路非计划停运较长时间。

图 8-40 值班发现直流系统接地

三、原因分析

（1）经调查，造成站内直流接地的原因是当天下午某公司施工人员误将新增的 2182 断路器保护屏至 2183 断路器保护屏的二次电缆线接入了 2183 断路器保护屏，而 2183 断路器保护屏与 2181 断路器保护屏、4018 线路保护屏的联络电缆尚未拆除。新增 2182 回路断路器现场端子箱电缆还未接线，落在地上使 2181 断路器保护屏、4018 线路保护屏直流接地。故障时电缆接线示意图如图 8-41 所示。

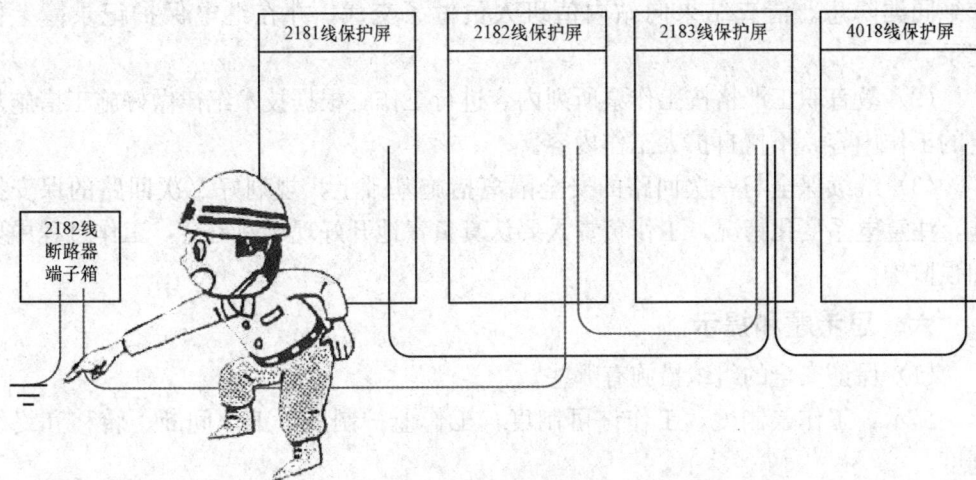

图 8-41　故障时电缆接线示意图

（2）保安措施不到位。在扩建工程的实施过程中，对与一次运行设备的隔离措施比较重视，做得比较到位，而对二次回路（监控回路）的隔离（保安措施）没有详细的措施计划。2183 断路器虽然在扩建过程中一直停运直至 4 号主变压器投运，相应的一次引线也已拆除，但 2183 断路器保护屏与 2181 断路器保护屏、4018 线路保护屏的联络电缆未拆除。

（3）执行技术纪律不严格。在二次隔离措施未做好前，2183 断路器保护屏仍为运行设备，而按照该项目的施工措施，所有接入运行设备的二次线均委托运行单位继保人员接入。

施工人员在事故发生前将电缆穿入 2183 断路器保护屏内，当施工人员谭某在工作负责人的监护下将 2183 断路器保护屏的电缆进行剥皮、做头等工作时，工作负责人关照其将电缆芯线拗到端子排接线位置，不能接入端子排（工作票的安全注意事项上也有该项要求）。由于有几芯电缆线是拗到端子排内侧的，比较短，容易被端子排及内侧接线遮掩，谭某担心以后会遗漏掉，就将它们接入了端子排，事先、事后均未向工作负责人汇报，工作负责人未能监护到位、及时发现问题。

四、吸取的教训

在运行站内工作要严格执行工作票制度，严格执行技术纪律，按施工措施规定做好自己的工作。在做好一次回路安全隔离措施的同时，更要做好二次回路的保安措施，防止施工影响设备运行。

五、整改措施

（1）故障发生后，施工单位继保人员和安装人员一起对已穿入运行屏、柜、箱的二次电缆进行了清查，将所有拗到位的二次电缆芯线均用绝缘胶带进行包扎，以杜绝同类隐患。清查结果向站内值班人员做了交代，并在继电保护记录簿上做记录。

（2）教育职工严格按工作票所列内容进行工作，根据技术纪律做好施工措施规定的工作内容，不擅自扩大工作内容。

（3）继续保全与一次回路的安全隔离措施基础上，规划好二次回路的保安措施，注意电系变化情况，工作负责人要认真负责地开好现场站班会，工作过程中要加强监护。

六、思考题和提示

（1）保证安全的组织措施有哪些？

提示：工作票制度，工作许可制度，工作监护制度，工作间断、转移和终结制度。

（2）保证安全的技术措施有哪些？

提示：停电、验电、装设接地线、悬挂标示牌和装设遮拦（围栏）。

（3）在运行变电站停电回路上工作，安保措施有什么要求？

提示：在做好一次回路安全隔离措施的同时，更要做好二次回路的保安措施，防止施工影响运行设备。

（4）在运行的二次屏上工作完后，如何结束工作？

提示：由继电保护人员向站内值班人员交代工作内容，并在继保记录簿上做记录，然后结束工作票。

案例二十二 约时送电使装接人员触电重伤

一、理论

电气设备停送电的基本要求是：停电、验电、有电容设施的设备要进行放电；电气线路、高压设备检修要防止反送电，装设接地线。送电操作程序与停电操作程序相反。

电气设备停送电的安全要求是：断电后，在断路器部位悬挂"禁止合闸，有人工作"的安全警示牌；不能上锁时，要设专人看护（防止他人误送电引发事故）。

变电站还要履行停电工作票和操作票制度。

因检修工作需要停电时，要将断路器分断，线路上或断路器柜的隔离开关断开。手车式断路器停电后拉至试验位置或检修位置，并在停电设备可能发生感应电压的部件和能反送电线路上进行验电、接地、并悬挂标示牌。

二、事故经过

装接班工作负责人吴某，班员孙某、王某按计划实施新装630kVA配电变压器接电工程。

正在赶往现场的用电检查员姚某，在接到设备生产厂方张某催办电话"已经做过检查，计量表计安装完毕，尽快送电"后，即向调度预告即将汇报送电。一个小时后，用电检查员姚某凭经验估计应该接电完工，在还未赶到工作现场的情况下，正式向调度汇报工作已完成，可以送电（如图8-42所示）。送电时，装接班工作负责人吴某正在配电柜上进行工作，突然带电的10kV连接排通过吴某左肩，在右膝盖处放电，造成吴某右膝盖灼伤，瞬时昏迷。现场另外两位装接人员及时对伤者进行心肺复苏急救，待其苏醒后立即送就近医院抢救。最终，吴某右膝及以下被截肢。

图8-42 未到工作现场就正式汇报工作已完成

三、原因分析

（1）用电检查员安全意识和责任意识极其淡薄，不执行企业有关规章制度，凭经验，在未到达现场检查用户设备状态的情况下，就向调度汇报送电。

（2）缺少现场检查，致使用户 10kV 进线隔离开关调试后仍处于合闸位置。

（3）对用户配电站的装表接电工作，缺乏保证工作现场安全的技术措施和组织措施。

（4）习惯性违章。

四、吸取的教训

（1）未到达现场检查用户设备状态的情况下，严禁向调度汇报送电，一旦发现，严肃查处。

（2）装接工作结束后，应将相关设备处于分闸状态。

五、整改措施

（1）加强有关规章制度安全教育和培训，提高员工的安全意识和反习惯性违章意识。

（2）严格执行保证电气作业安全的组织措施和技术措施。

（3）认真排查用电装表接电、用户电试以及新装用户送电程序等工作中的安全隐患，制订相应整改措施，保证现场工作安全组织措施和技术措施的落实到位。

（4）要突出安全第一的理念，高度重视安全管理、安全监督和安全措施的落实。安全责任要做到横向到边、纵向到底，不留盲区、不留空挡。

图 8-43　严禁约时送电

六、思考题和提示

（1）什么是约时停送电？

提示：工作人员和操作或调度人员约定个时间开始停电，并约定时间开始送电。只要时间一到，就按照约定停电或送电，而不再相互联系。

（2）为什么要严禁约时停送电？

提示：因为很多时候，虽然约定的时间到了，但现场工作很可能并没有完工，一旦送电，必然发生重大安全事故，造成人身伤亡和设备损坏（如图 8-43 所示）。停电也不行，因为有时候虽然约定时间到了，但准备工作很可能尚未完成，甚至有可能工作任务临时取消，盲目将电停掉，会对用户造成损失，也影响供电单位的供电量和供电可靠率。

（3）停送电"一支笔"原则是什么？

提示：即停电申请人、送电申请人是同一人，若有交接手续的，必须凭有签名的交接手续办理送电手续；停电审批人、送电审批人是同一人，且审批人是具有合格资质的。

（4）停送电操作人在操作前必须做什么？

提示：停送电操作人在操作前必须到现场进行检查确认，确认可以停送电后方可严格按操作票执行。

案例二十三 装设接地线不使用安全用具，碰触带有剩余电荷的电力电缆

一、理论

三相高压电力电缆线路的相与地之间在投运后就有电容电流，停电后就有剩余电荷，线路电容电流和剩余电荷随电力电缆长度的增加而增大。距离长的电力电缆，就像是一个大电容器，电容电量很大。

对停电检修的电力电缆，在三相短路接地前应逐相放电，以防工作人员被电击。

在停电检修的电力设备上装设短路接地线有三个作用：一是防止工作地点突然来电，二是泄放停电设备残电荷，三是防止邻近运作设备产生感应电压。

装设接地线应在验明无电后立即进行。先接接地端，后接导体端，接地线应接触良好，连接应可靠。拆接地线的顺序与此相反。装、拆接地线均应使用绝缘棒，并戴绝缘手套。人体不得碰触地线或未接地的导线，并保持规定的安全距离（对 35kV 设备为 1.0m，对 10kV 设备为 0.7m）。

二、事故经过

某日，××变电站进行 2 号主变压器小修预试、35kV 进线 3511 断路器小修预试、母线隔离开关、线刀修试等工作。

当日 5：10 左右，李某和王某到该变电站进行 2 号主变压器停役操作，监护人为李某，操作人为王某。5：55，李某与王某按调度指令将该变电站 2 号主变压器状态从运行改为冷备用后，汇报调度。李某在二楼控制室等待调度继续操作的命令时，王某一人离开控制室并走到一楼的 2 号主变压器室内将 2 号主变压器两侧接地线挂上，打开 3511 进线电缆仓网门，将 11 档竹梯放入到网门内。6：25，当调度员告诉李某送电端××变电站已将 35kV 3511 线路改为冷备用后，李某开始寻找王某，发现 2 号主变压器两侧接地线已挂好。李某为弥补 2 号主变压器两侧挂接地线现场操作录音的空白，在 3511 进线电缆仓处，一边与王某一起唱复票以补 2 号主变压器两侧挂接地线这段操作的录音，一边还在做 3511 进线电缆头处验电的操作。当王某在验明 3511 进线电缆头上无电后，未用放电棒对电缆头进行放电，便进入电缆仓爬上梯子准备在电缆头上挂接地线，李某未及时制止并纠正其未经放电就爬上梯子使人体靠近电缆头这一违章行为。王某在不使用绝缘棒、未戴绝缘手套的情况下就用右手手掌触碰 3511 线路电缆头导体处，左后大腿碰到铁网门上，发生电缆剩余电荷触电，王某随即从梯子上滑下，李某急忙上前将其挟出仓外，并对王某进行人工心肺复苏急救。后王某经抢救无效死亡。触电现场如图 8-44 所示。

三、原因分析

（1）由于 3511 进线电缆较长（约 4.9km），停电后电缆内储有较大的剩余电荷。

（2）为弥补 2 号主变压器两侧挂接地线现场操作录音的空白，疏忽了对 3511 进线电缆头挂装接地线前要对电缆线路设备进行放电。

（3）操作人王某未戴绝缘手套、未使用绝缘棒，在没有对 3511 进线电缆头放电的情况下就触碰设备。

（4）操作人王某未对 3511 进线电缆头进行放电就触碰设备，监护人李某未及时制止并纠正，监护不当。

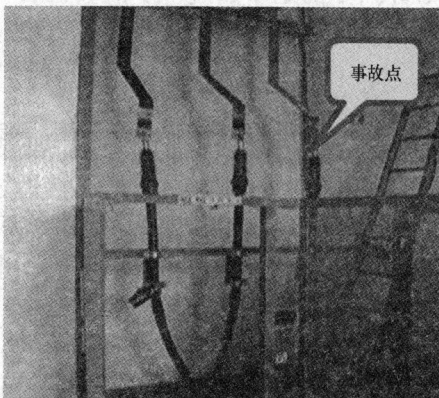

图 8-44 触电现场

（5）企业对职工的安全思想教育不深入，贯彻执行调度操作纪律不严格，监护人、操作人相互保护和自我保护安全意识淡薄。

（6）监护人李某与王某后补现场操作录音，导致在操作 3511 进线电缆头处验电的过程中注意力分散。

四、吸取的教训

（1）贯彻执行调度操作纪律不严，安全思想薄弱。操作监护人李某在接好该变电站 2 号主变压器及 3511 线路由冷备用改为检修状态的调度指令后，发现操作人擅自将 2 号主变压器改为检修状态，为掩盖事实真相，错误地继续违章操作（一边唱复票补 2 号主变压器操作的录音，一边进行 3511 线路的操作），并对操作人的操作顺序、行为失去全面的监护。

（2）操作人王某在未对 3511 电缆线路放电的情况下，不使用绝缘棒、不戴绝缘手套操作，触碰带有剩余电荷的电器设备，造成人身触电。

五、整改措施

（1）企业要认真吸取事故教训，组织职工学习、分析、讨论，并举一反三，开展安全生产大检查，及时消除各种安全隐患。

（2）严格贯彻落实各级人员安全生产责任制，严格执行安全规章制度，严肃安全纪律和技术纪律。

（3）要加强对职工（特别是新进人员、转岗人员）的安全技术、业务技能的培训，不断提高职工的业务技术水平。

（4）进一步加强职工的安全思想教育，提高职工的安全意识和自我保护能力，增强职工执行规章制度的自觉性。

（5）要加强对生产现场的安全检查力度，对违章行为要做到"四不放过"：事故原因不清楚不放过，事故责任者和应受教育者没有受到教育不放过，没有采取防范措施不放过，事故责任者没有受到处罚不放过。

六、思考题和提示

（1）倒闸操作中操作人员与带电体应保持的安全距离是多少？

提示：10kV 及以下 0.7m；35kV，1.0m；110kV，1.5m；220kV，3m。

（2）在电力设备上装设接地线应在什么条件下进行？

提示：在设备停电，验明确无电压后立即将检修设备接地并三相短路。

（3）装短路接地线应采取并执行哪些安全措施？

提示：应使用有绝缘棒的短路接地线，戴绝缘手套，人体不得碰触短路接地线，并与尚未接地的导线保持安全距离。

（4）电力设备停电检修，应做好哪些安全技术措施？

提示：应做好停电、验电、装设短路接地线、悬挂标示牌和装设栅栏（围栏）四项安全技术措施。

参 考 文 献

[1] 徐明通. 电力变压器的运行与检修 [M]. 北京：水利电力出版社，1976.

[2] 刘介才. 工厂供电 [M]. 北京：机械工业出版社，2010.

[3] 郑肇骥，王焜明. 高压电缆线路 [M]. 北京：水利电力出版社，1985.

[4] 史传卿. 电力电缆 供用电工人职业技能培训教材 [M]. 北京：中国电力出版社，2006.

[5] 史传卿. 电力电缆安装运行技术问答 [M]. 北京：中国电力出版社，2004.

[6] 江日洪. 交联聚乙烯电力电缆线路 [M]. 北京：中国电力出版社，1997.

[7] 2012 版电工进网作业许可考试参考教材 高压类理论部分 [M]. 北京：中国财政经济出版社，2012.

[8] 2012 版电工进网作业许可考试参考教材 高压类实操部分 [M]. 北京：中国财政经济出版社，2012.

[9] 2012 版电工进网作业许可考试参考教材 低压类理论部分 [M]. 北京：中国财政经济出版社，2012.

[10] 2012 版电工进网作业许可考试参考教材 低压类实操部分 [M]. 北京：中国财政经济出版社，2012.

[11] 俞谨华. 红外监测技术在电缆运行管理领域的运用 [C]. 中国城市供电学术论文集，2002.

[12] 葛荣刚，吕红开. 35kV 交联电缆进水原因分析及防范措施的探讨 [C]. 天津市电力学会 2006 年学术年会论文，2006.

[13] 葛荣刚，王芹. 220kV 交联电缆终端头局部发热不均及处理 [C]. 天津市电力学会 2006 年学术年会论文，2006.

[14] 李煜. 关于中压电缆铜屏蔽层熔断引起事故扩大的分析论文 [J]. 电缆人，2005，5.

[15] GB 3906—2006. 3～35kV 交流金属封闭开关设备 [S].

[16] GB 26859—2011. 电力安全工作规程 电力线路部分 [S].

[17] GB 26860—2011. 电力安全工作规程 发电厂和变电站部分 [S].

[18] DL/T 50092—1999. 110kV～500kV 架空送电线路设计技术规程 [S].

[19] DL/T 995—2006. 继电保护及电网安全自动装置检验规程 [S].

[20] GB 50217—2007. 电力工程电缆设计规范 [S].

[21] GB 12325—2008. 电能质量供电电压允许偏差 [S].

[22] GB 26860—2011. 电力安全规程发电厂和变电站电气部分 [S].

[23] GB/T 14285—2006. 继电保护和安全自动装置技术规程 [S].

[24] GB/T 50062—2008. 电力装置的继电保护和自动装置设计规范 [S].

[25] GB 7260—2003. 不间断电源设备 [S].

[26] GB 50147—2010. 电气装置安装工程高压电器施工及验收规范 [S].

[27] GB 26859—2011. 电力安全工作规程电力线路部分 [S].

[28] GB 50065—2011. 交流电气装置接地的设计规范 [S].

[29] GB 50054—2011. 低压配电设计规范 [S].

[30] GB 50060—2008. 3～110kV 高压配电装置设计规范 [S].

[31] GB 50169—2006. 电气装置安装工程接地装置施工及验收规范 [S].

[32] GB/T 11017.3—2002. 额定电压 110 kV 交联聚乙烯绝缘电力电缆附件：第 3 部分 [S].

[33] DL/T 664—1999. 带电设备红外诊断技术应用导则 [S].

[34] SDLQ/J-01-1—1999. 电力电缆线路试验规程 [S].

[35] GB 149—1990. 电气装置安装工程母线装置施工及验收规范 [S].

[36] GB/T 7598—2008. 运行中变压器油水溶性酸测定法 [S].

[37] GB/T 261—1983. 石油产品闪点测定法（闭口杯法）[S].

[38] GB 7600—1987. 运行中变压器油水分含量测定法（库仑法）[S].

[39] GB 7601—2008. 运行中变压器油、汽轮机油水分测定法（气相色谱法）[S].

[40] GB 5654—2007. 液体绝缘材料 相对电容率、介质损耗因数和直流电阻率的测量 [S].

[41] GB/T 507—2002. 绝缘油击穿电压测定法 [S].

[42] GB/T 6541—1986. 石油产品油对水界面张力测定法（圆环法）[S].

[43] SD 304—1989. 绝缘油中溶解气体组分含量测定法（气相色谱法）[S].

[44] DL/T 23—2009. 绝缘油中含气量测定方法 真空压差法 [S].

[45] 电力电缆运行规程 [S].

[46] 国家电网公司电力安全工作规程（变电部分）[S].

[47] KYN28—12. 铠装式金属封闭开关设备 安装使用与维护手册 [S].

[48] 上海市电力公司局域网站相关资料 [Z].

[49] 国网公司局域网站相关资料 [Z].

[50] 厦门 ABB 开关有限公司. IS 快速限流器说明书 [Z].

[51] 上海市低压用户电气装置规程 [Z].